U0008657

被解僱

解僱

與

葉茂林 博識本國法及外國法律師事務所

律師／博士 著

〈專文推薦一〉

打造勞資和諧、共存共榮的職場環境

鍾文雄

　　葉茂林大律師取得德州大學奧斯汀分校（University of Texas at Austin）法學博士／碩士學位後，即投入國際商業交易、智慧財產權交易與授權、網路法、電子商務、營業秘密與競業禁止、跨國商業糾紛調解、仲裁及訴訟，以及勞資爭議的法律服務領域，其法律素養與專業，更受邀擔任經濟部智慧財產局著作權法的諮詢委員。欣聞葉大律師能夠淬取所學與法律專業實務，詳盡剖析法院訴訟個案，分享精闢爭執觀點與管理建議給讀者，這是件造福企業與勞動者的美事。

　　在企業日常的員工管理上，企業主或部門主管常因員工的工作配合度不佳、無法展現工作績效、不接受職務及工作地點的調動、出勤狀況不佳，或是工作態度欠佳，讓主管傷透腦筋。大部分主管在不諳勞動法令與管理原則之下，往往會斷然採取資遣或是解僱員工的措施，隨著勞動權益與網路訊息的快速傳播，不當的資遣或解僱，常會造成不必要的法律訴訟，甚而影響企業營運的聲譽。

　　根據勞動部的統計，2016 年勞資爭議案共 25,587 件，年增 10.3％，其中以「工資爭議」居首，其次為員工資遣及職災補償

爭議,另外在法院訴訟案件上,最讓勞資雙方精疲力盡、耗費訴訟資源的案件就屬「僱傭關係的確認」。因此勞動關係的存續與共存共榮,始終是企業永續發展的重要基礎。

　　本書根據企業管理的判決個案,透過案情摘要及爭議說明來解析法院的判決精神,最後提出專家最佳實務的管理建議,將艱澀的法院判決文,轉化成管理者輕鬆易懂的情境話語。讀者在閱讀本書後,可以從法院判決個案中,了解法院及主管機關在員工管理上的判斷原則,調整員工管理的思維及措施,相信可以達到他山之石可以攻錯的效益,進而塑造友善與符合法令遵循的職場環境。

（本文作者為一零四資訊科技股份有限公司副總經理暨人資長、社團法人中華人力資源管理協會理事長）

〈專文推薦二〉

雇主與上班族的一盞明燈

蘇宏文　律師

　　根據勞動部民國 106 年 6 月 5 日勞動統計通報資料顯示，105 年度勞資爭議終結案件中，占比最高者為給付資遣費爭議（25％）。

　　原本應是好聚好散的場景，為什麼到頭來卻是勞資反目，落得兩敗俱傷或至少一傷的結果？

　　在人資實務運作中，常令主管們頭疼的問題，無非是每年的重頭戲；員工年初目標設定與年終績效考核。員工績效表現良窳，除與其升遷、調薪、年獎等利益相關外，有時也會被冠以「不適任」名號。

　　企業如何進行績效考核管理？通常區分為二部分：一、硬實力或硬成果（客觀面向）：觀察員工年初目標設定後的各項年度量化或質化達成結果；二、軟實力或軟成果（主觀面向）：觀察員工於核心職能、管理職能或專業職能的行為展現頻率。二者綜合評價（前者分數占比較高，後者較低），據以得出員工年度績效考核分數，以及其在該部門或全體員工中的排序百分比。

　　美國奇異（GE）公司前執行長傑克・威爾許（Jack Welch）先生曾提出一套名為活力曲線（Vitality Curve）的績效考核制

度，憑以將公司有限資源優先分配予績效佳者，相對的，績效末段班 10% 的人則遭到淘汰。在奉行類似作法的企業中，遭到淘汰者未必全然心服口服，勞資爭議常相伴而生。因這牽涉到員工年度目標設定是否合理明確？是否具有可甄別性？主管評價是否客觀公允？員工未達目標者，是否曾給與改善機會（Performance Improvement Plan, PIP）？否則，勞資雙方各執一詞，對簿公堂勢所難免。

法院又是如何看待由雇主發動的資遣或解僱行為呢？

茲引最高法院 96 年度台上字第 2630 號判決為例，該判決謂：「勞工對於所擔任之工作確不能勝任時，雇主得預告勞工終止勞動契約，揆其立法意旨，重在勞工提供之勞務，如無法達成雇主透過勞動契約所欲達成客觀合理之經濟目的，雇主始得解僱勞工，其造成此項合理經濟目的不能達成之原因，應兼括勞工客觀行為及主觀意志，是該條款所稱之『勞工對於所擔任之工作確不能勝任』者，舉凡勞工客觀上之能力、學識、品行及主觀上違反忠誠履行勞務給付義務均應涵攝在內，且須雇主於其使用勞基法所賦予保護之各種手段後，仍無法改善情況下，始得終止勞動契約，以符『解僱最後手段性原則』。」此一原則對勞資雙方具有重要啟發意義。

為落實憲法第十五條所揭示保障勞工工作權之精神，如雇主想要單方合法資遣或解僱員工，除必須舉證符合勞動基準法所定之法定終止事由外（第十一條、第十二條參照），也需特別留意法院援引「解僱最後手段性原則」做為法理的補充適用情形，以

免遭致法院認定終止勞動契約不合法的下場。

　　葉茂林博士是我超過二十多年的老友兼益友,無論是講學、研究或著述,均堪稱表率。尤其近年更跨法學領域專研勞動相關法律與實務,經常舉辦人資法律講座嘉惠國內企業,獲得廣大迴響,《解僱與被解僱:員工與企業如何保護自身權益》一書即是在此動力下問世。本書分為八大章,每章主題皆涵蓋國內勞動實務上常見典型案例,取材豐富實用,章節分類明晰,內容淺顯易讀,葉博士更以其一貫的筆法,使雇主得以輕易地掌握問題精髓及處理技巧。本書猶如一盞明燈與指引,除為雇主提供不僅務實而且適法的專家解決方案外,當然也適用於所有關心自己勞動權益的廣大上班族朋友,這絕對是一本值得你我隨手取用的良書,爰樂於大力推薦並為之序。

　　　　（本文作者為一零四資訊科技股份有限公司法務長）

|目錄| CONTENTS

專文推薦一｜打造勞資和諧、共存共榮的職場環境／鍾文雄　003

專文推薦二｜雇主與上班族的一盞明燈／蘇宏文　律師　005

作　者　序｜了解解僱合法性，避免法律風險　013

第1章｜員工無法勝任工作，是老闆說了算？　017

1-1　員工不斷犯錯、上班處理私事，公司可否予以　020
　　　解僱？

1-2　績效表現太差，是否表示不能勝任工作？　026

1-3　業績差又未達績效改善計畫標準，可否依法解僱？　031

1-4　因精神疾病造成公傷，是否屬無法勝任工作？　036

1-5　跟同事衝突又常請假，工作偷懶還睡覺，公司　041
　　　開除有理？

第2章｜國罵？臺罵？何種辱罵才叫重大侮辱？　047

2-1　員工怎樣罵老闆，算是重大侮辱可開除？　050

2-2　員工和老闆娘搞婚外情，是重大侮辱？可以解僱嗎？　055

2-3　開車衝撞警衛還罵三字經，是否該被解職？　060

2-4　三字經罵同事、上司，幾經勸告無效，可否直接　065
　　　解僱？

第 3 章 | 員工對內違規，情節重大可開除？　　071

3-1　上班屢屢遲到且打卡造假，解僱合法嗎？　　074

3-2　員工偷拿會計、人事資料，公司可否解僱他？　　080

3-3　酒醉員工在宿舍毆打同事，可否直接開除？　　085

3-4　和同事發生婚外情，是否屬於違規情節重大？　　090

3-5　經理性騷擾女同事，公司可以開除他嗎？　　095

3-6　化學工廠員工抽菸並恐嚇主管，是否違規情節　　101
　　重大？

3-7　幹部會議未到場惹惱董事長，可否當場開除？　　107

3-8　員工溢領勞保給付，可否解僱他？　　112

第 4 章 | 員工對外行為影響公司形象，開除是否　　119
　　有理？

4-1　網紅在網路貼文及接受電視訪問批評公司，可否　　122
　　開除？

4-2　空少謊稱總統專機有炸彈，公司可否開除他？　　126

4-3　藉工作之便騷擾超商女店員，是否屬情節重大　　131
　　的違規？

4-4　業務經理向代理商拿回扣，公司可否合法開除他？　　136

4-5　客服態度不佳，嚴重損及公司形象，是否為重大　　142
　　違規？

第 5 章 ｜ 業務精簡是藉口，請走員工真理由？ 147

5-1 部門精簡轉型，是否就可解僱人員？ 150

5-2 為節省公司開支，解僱公務車司機合法嗎？ 155

5-3 經營權轉讓及業務緊縮，可以是資遣員工的 161
理由嗎？

5-4 公司虧損上億，就可以直接叫員工走路？ 166

第 6 章 ｜ 員工蹺班跑哪去？何種行為算曠職？ 171

6-1 員工受傷後兩年多都沒再來上班，公司可否 174
解僱他？

6-2 員工請產假卻沒遵守請假程序，算不算曠職？ 179

6-3 在外跑業務來不及回公司打卡，是否屬於曠職？ 184

6-4 司機經常蹺班，半天不見人影，公司可以解僱 190
他嗎？

第 7 章 ｜ 公司有錯在先，員工可否「開除」公司？ 195

7-1 因婚外情鬧上報，被公司命令停飛，機師離職 198
有理由？

7-2 以婚外情為由遭到調職，女稽核員可否主張 204
公司違法？

7-3　公司擅自變更獎金薪資制度，員工是否可以　　　209
　　　「開除」公司？

7-4　老闆罵「不爽可走人」，是否構成重大侮辱？　215

7-5　老闆母親酒醉詆毀員工，員工可否「開除」公司？　220

7-6　放好幾個月無薪假，是否算是終止僱傭關係？　225

第 8 章｜其他案例：謊報學歷、耗損公司物品、　　231
　　　　試用期的解僱

8-1　謊報學歷、工作經歷被抓包，可否依法解僱？　235

8-2　經理送客戶過多贈品，算不算耗損公司產品？　240

8-3　員工毀損公司機具，是否可將其解職？　　　245

8-4　在試用期間解僱員工，是否需符合勞基法規定？　250

〈附錄〉｜勞動基準法‧第二章　勞動契約　　　257

〈作者序〉

了解解僱合法性，避免法律風險

　　根據勞動部的統計，在過去幾年的勞資爭議當中，「工資」及「資遣費」計算爭議的案件數量，一直分居第一名和第二名；而勞資爭議的案件數跟人數，在民國 105 年，更高達 25,587 件及 36,582 人！

　　從常理來推論，會發生工資爭議，顯然表示員工本人還在公司裡面上班；不過，如果是發生了資遣費爭議，也就意味著員工已經被公司掃地出門了！此時，除了員工個人以外，他的家庭生活跟生計也可能受到很大的影響。既然解僱的影響如此重大，難怪會有那麼多離職員工跟公司發生糾紛，甚至還鬧上法院！

　　只不過，從另一個角度來看，企業存在的目的，原本就在於營收獲利，以求長久經營；因此，對於一家公司來說，在面臨業務轉型或長期虧損之時，或者，如果員工能力太差、犯錯連連時，卻還不能合法解僱的話，豈不是要逼公司走上虧損倒閉的絕路嗎？

　　本書並非是要教導公司如何找藉口開除員工。相反的，筆者希望透過研讀法院的判決和專家建議，讓企業跟勞工都能正確認識勞基法的相關規定，並了解如何在實際爭議個案中適用法規！畢竟，面對解僱這個重大議題，員工跟公司除了必須充分認識自

己可能的權益之外，也更應該了解相關法律風險。

本書的出版，首先要感謝城邦媒體集團首席執行長　何飛鵬社長。

在幾年前，筆者有幸受邀到城邦文化，針對出版編輯常見的著作權糾紛，跟該公司編輯部同仁分享實務經驗跟研究心得。當時，何社長也親自撥空出席，並贈送了他的多本大作。近兩年前，本所首次舉辦「如何合法 FIRE 不適任員工」的法律講座，在進行活動宣傳時，本所也把講座的 EDM 跟邀請函傳給何社長。沒想到，何社長在日理萬機之餘，還很認真地看了我們的文宣內容，而且指示商周出版主管打電話給筆者，邀請筆者針對這個主題出書。但當時因為工作忙碌，因此筆者婉拒了這項邀約。

在其後的兩年當中，歷經勞基法一例一休的風暴，本所前後舉辦的四次解僱爭議講座，場場爆滿；再加上筆者受邀在 104 人力銀行演講時，不斷有企業人資主管詢問類似的問題，才讓筆者逐漸意識到這個問題的重要！也因為如此，筆者才在一年之後，主動跟商周出版聯絡，表達出書的意願。

這本書能夠順利地出版，筆者特別要感謝本事務所的楊宜蓁律師及蔡杰玫律師。筆者過去因舉辦演講，已經蒐集研讀幾十件法院判決；本次為出版新書，兩位同仁發揮了蒐集及研究的功力，幫忙收集了不少相關的判決，並整理成摘要，讓筆者能很快地掌握案情重點，跟判斷相關案件是否適合作為本書的分析案例。在此，謹向她們表達誠摯的謝意。

此外，筆者在此也要特別感謝相識二十多年的好友，也是曾

擔任「104 獵才」總經理的蘇宏文律師。蘇律師為人謙和，和筆者亦師亦友，經常在法律專業上不吝提供建議跟指導，多年來讓筆者受益良多。也正因為蘇律師後來前往 104 人力銀行擔任法務長跟高層主管，才讓筆者對人資法律的議題產生了研究的興趣。

　　本書的完成，雖然有許多親友同事的鼓勵跟協助，但如有任何的不足或缺漏之處，則全係筆者本人的學力有限所致。最後，感謝家父、家母及其他家人的支持，才能讓我在離開學校教職多年以後，還能有機會將相關研究心得整理出書。

第 1 章

員工無法勝任工作，是老闆說了算？

　　臺灣的勞基法比較傾向於保護勞工的工作權，因此，如果一家公司打算解僱員工，就必須符合法律的相關要求。勞基法允許公司解僱員工的理由，主要分為兩大類：一類是基於經濟性的理由，例如公司不堪虧損，或是公司的業務性質變更等。另一類則是所謂的懲戒性解僱，指的是因為員工有犯錯，或是員工沒有辦法勝任其職務或工作，而被公司開除的情形。

　　本章所要討論的案例，是可歸責於員工自己的原因，造成其無法勝任工作的懲戒性解僱。

　　勞基法第 11 條第 5 款規定：「勞工對於所擔任之工作確不能勝任時」，公司是可以把他解僱的。不過，對於一位員工來說，如果公司開除他的理由，是因為他侮辱老闆或同事，或是違規情節重大（例如：向合作廠商收取巨額回扣），或因員工損害公司的機器設備，這些事證都算是具體明確。反之，如果一位在公司內勤奮多年的員工，突然接到解僱通知，上面白紙黑字寫的是他「確實」無法勝任公司交付的職務或工作，這種理由，對於被解僱的人來說，似乎表示自己對於公司原來一點貢獻都沒有。尤其，所謂的「確實不能勝任工作」，理由相當抽象，也不容易讓被解僱的員工完全信服！

　　不過，公司如果想要以「確實不能勝任工作」的理

由來開除員工，也不是自己說了算！根據勞基法的規定，所謂的「確實不能勝任」，必須同時符合主觀和客觀的兩個要件：在主觀上，必須是員工「能為而不為」，意思是員工明明有能力做到交付的工作，但是故意心存怠惰，不願意完成。至於在客觀上，則必須是員工的確欠缺工作或職務所應該具備的專業能力、學歷或經驗。

　　本章所舉的一些案例，包括了不同的行業及職務類別，例如銀行理專、藥廠的藥政經理及業務人員等等。從法院判決的討論中，讀者應該可以發現，法院其實是比較傾向維護員工的工作權。不論對於公司或員工來講，這些案例都有助於認識跟釐清「確實不能勝任工作」的法律要求。

1-1 員工不斷犯錯、上班處理私事，公司可否予以解僱？

Q **如果銀行僱了這樣的專員，是不是可以依法開除？**

- 該專員未詳實告知客戶購買連動債之風險，導致客戶虧損，公司因此必須賠償客戶損失；
- 上班處理私事，導致工作量僅有同事的一半；
- 記帳疏漏，讓同事須花數月修正錯誤，且處理交辦文件錯誤連連。

( ) A. 辦事不力又錯誤百出，當然是不能勝任工作，而可以合法開除！

( ) B. 這位專員乃是資深員工，雖然小錯不斷，但不能直接開除。

( ) C. 為何會出現這些看似不應發生的錯誤，部門主管要找出真正的原因。

案情摘要及爭議說明

商業銀行 v. 快退休的專員

（臺灣高等法院 102 年度重勞上字第 50 號）

某位任職於銀行即將退休的女性資深專員，因為沒有詳細地

為客戶解說購買連動債的風險，讓客戶在不了解風險的情況下，購買了連動債而因此慘賠。客戶後來提告，導致銀行敗訴而須賠償客戶損失。銀行事後把犯錯的理專記了一大過，並且降調到別的分行擔任櫃員；但新分行主管認為她利用上班時間處理私事，導致工作量僅及同事的一半，因此把她的考績打為乙等。該專員的弟弟得知後，對此非常不滿，竟然直接打電話來分行辱罵主管。

此外，這位員工擔任櫃員工作期間，不僅處理帳務速度慢吞吞，還發生錯帳，讓分行同仁得花數個月的時間幫忙收尾。而銀行最後不得已把她調去負責處理帳務催收及查封公文，該員工竟然又有九件公文內容出錯。銀行還發覺她私底下與客戶之間有金錢往來，嚴重違反工作規則。

最後，銀行以該員工在連動債事件犯下大錯，且此後依舊犯錯連連、能力又不足，確實不能勝任工作為由，把她開除。

法院判決

判決結果：銀行敗訴，開除違法！

根據勞基法的規定，員工對於所擔任的工作，如果確實無法勝任，公司是可以依法把他解僱的。只不過，以這個案子發生的幾個事件，法院在經過仔細審理後，認為錯在公司，而員工就算犯錯，也是情有可原！公司以專員確實不能勝任工作為藉口，把她開除，並不合法。理由分析如下：

一、員工雖犯錯，公司不可違反「一事不二罰」原則

　　本案中，這位專員可能先前就在其他的同業服務過，所以一進到這家銀行，就是擔任管理職。從管理職轉任理專工作後，她雖然在連動債的事件中犯了嚴重的錯誤，導致銀行得因此賠償客戶損失，但是，這位理專也得到應有的處罰，不僅被記了一個大過，而且還被降調到別的分行擔任櫃檯專員。既然已經被處罰過了，如今銀行就不能夠以相同的理由開除她，否則就會違反「一事不二罰」的原則。

二、調職後，公司未提供合理訓練

　　對於專員處理帳務錯帳，造成分行同仁需要花數個月幫她善後，法院也認為情有可原。主要的原因是：銀行事先根本就沒有提供合理的訓練，也沒給她足夠的時間去適應新工作，而只讓她上了前後六小時的課程，就把她調為櫃檯人員。這樣的訓練時間遠遠不足，難怪她沒有辦法熟練地操作相關的帳務軟體，更不能怪她在處理帳務時出錯了！

三、員工處理行政工作，錯誤比例尚在合理範圍

　　此外，雖然銀行主張專員處理催收公文常出錯，但法院在審理時發現，這位一直被調來調去的專員，在被開除前，處理了超過三千件的催收公文，其中只錯了九件。畢竟這位專員過去並沒有擔任過這樣的工作，所以她出錯的比例其實並不高！銀行以此

主張她不能勝任工作，其實是吹毛求疵。至於理專的弟弟打電話來辱罵主管一事，事先專員也不知情，甚至在主管把電話交給她接聽之後，她也要弟弟向主管道歉了。而銀行主張她與客戶有不當金錢借貸，最後也證明是子虛烏有。

 ## 專家的建議

調任員工應予合理訓練，使其能勝任新職務

　　根據「解僱最後手段性原則」，公司對於犯錯的員工，的確可以調整其職務，讓他從事其他較容易勝任或適應的工作。不過，從這個判決來看，不管員工先前是否曾經犯錯，只要公司打算把員工調任到一個新職務，就必須在員工就任之前或到任之初，給予適當的教育訓練跟從旁協助，而不是讓員工自生自滅，從犯錯中不斷摸索、緩慢學習適應。

　　如果公司沒有提供員工適切的調任訓練，而讓員工持續犯錯，最後公司也得概括承受員工犯錯的後果！從本案來看，把理專調任櫃檯人員，如果只給予僅僅數小時的訓練，肯定是完全不夠的。不過，到底要提供多少時間的訓練，才能夠讓員工足以勝任新的職務，應該依照新工作要求的專業度跟熟練度來決定，不該用一套僵硬的標準來一體適用於不同的工作。

一事不二罰，不得翻舊帳解僱員工

　　本書的其他篇章也會討論到「一事不二罰」原則：對於一個

人所犯的單一錯誤，基於比例和公平原則，不應該重複處罰兩次。這是來自刑法的概念，但在勞雇關係上，我國法院也認為可以適用這項原則。

在本案中，銀行針對連動債的事件，已經根據內部的獎懲辦法，將這名員工記大過並降調；如今事隔四年，銀行卻又再度以同樣的理由，來開除這名員工，很明顯地違反一事不二罰原則！

在實務上，許多公司為了開除不適任或者老闆討厭的員工，都習慣用翻舊帳的方式，想盡辦法找到開除員工的理由。常見的**翻舊帳的方式**，第一種是違反一事不二罰的情形：明明針對員工過去所犯的大錯或小錯，曾經給予記大過、減薪或降調等等適當的處罰了，但臨到要解僱員工時，又再舊事重提，把同一件過錯拿來作為開除的理由。這種狀況當然違法！

另一種翻舊帳的情形，則是對於員工很久以前所犯的錯誤，在犯錯當下，沒加以處罰；時隔多年後，打算開除員工時，才把員工的舊錯拿出來當作合理化的藉口。這種狀況，雖然不違反一事不二罰，但過去法院在審理類似爭議時，都會認為雇主在員工犯錯當下不加處罰，就表示這個過錯不是嚴重的，甚至法院會認為公司此舉就表示不追究員工了。所以，一旦事後翻舊帳追究，就不符合公平或正義原則。

獎懲規定應明確，懲罰應及時合理

對於一家公司來說，如果想要透過獎懲制度來規範員工的表現，就應該用文字將這些獎懲規定說清楚、講明白，而且也要合

乎比例原則。例如：對於員工遲到，是否直接予以按比例扣薪？
是否可予以書面警告？如果員工屢屢遲到，或是單次遲到的時間
過久，是否予以更重的處罰？類似的規定都最好可以清楚明白，
讓員工容易遵循。有些公司甚至還會設立獎懲委員會，由公司的
管理階層和員工代表共同組成，以維持程序的公正性，避免產生
偏頗，讓被處罰的員工爭執處罰程序及結果不公。關於工作規則
或者是獎懲規定，可以參考勞動部的「工作規則參考手冊」，裡
面有詳細清楚的建議。

　　另外，也要提醒公司留意：員工如果犯錯情節重大，而公司
也覺得應該進行懲處或甚至開除，那麼就要在勞基法規定的 30
日期限內為之，免得事後被法院認定開除無效。

1-2 績效表現太差，是否表示不能勝任工作？

Q 如果你是知名藥妝公司老闆，當部門的經理有以下行為時，是否可以依法開除他？

- 工作態度消極懶散、年終考績不及格；
- 實施績效改善計畫之後，還是沒有改善；
- 向國外母公司申訴，抱怨考績結果；
- 私自在外開設私人藥局，擔任藥師。

( ) A. 表現不好態度差，還私自兼職開藥局，應該可以開除！

( ) B. 績效不佳並非什麼嚴重的事，兼職也是個人的自由，不能把他開除。

( ) C. 自己犯了錯不知檢討，還越級向國外母公司報告，太過分了！

📖 案情摘要及爭議說明

藥妝公司 v. 藥政經理

（臺灣高等法院 103 年度重勞上更〔一〕字第 2 號民事判決）

　　某位藥師在藥妝公司工作，擔任藥政及品保經理。該公司

考績制度滿分為 9 分，在過去四年，這位藥師都獲得 4 分到 5 分的評分，屬於績效表現合於要求的情形；但到了第五年，卻只獲得 1.31 分。經公司實施「績效改進計畫」（Performance Improvement Plan；簡稱 PIP）後，狀況仍然沒有改善，藥妝公司就以這位經理「不能勝任擔任之工作」，依勞基法第 11 條第 5 款予以資遣。

另外，該經理私底下自己開設藥局擔任藥師，公司也以違反工作規則「禁止員工兼任或兼職」規定情節重大，將他解僱。

法院判決

判決結果：解僱合法。

一、「解僱最後手段性」原則

法院首先解釋，勞基法所謂的「確不能勝任工作」，是指勞工所提供的勞務已經無法達成經濟上的目的，公司才能開除勞工。至於有沒有達成經濟上的目的，則需要綜合判斷，考量勞工客觀上的行為表現與主觀上的意願等等。而且，必須在公司使用所有其他手段後，仍無法改善的情況下，才能予以開除，這就是「解僱最後手段性原則」。

二、藥政經理確實不能勝任工作

法院認為，這位藥師自從升任藥政及品保經理後，每一年的考績都在降低中，根據公司多名相關主管的長期觀察，認為該名

經理的領導技巧、團隊溝通互動、做成決定之能力等等，確實非常不足，無法達到經理職務的要求。而且，這位藥政經理在實施「員工績效改進計畫」期間，不僅客觀上沒有積極改善，甚至還越級向新加坡母公司提出申訴，抱怨考績結果，可見其主觀上有「能為而不為」、「可以做而無意願做」，心態上並沒有打算改善。

此外，在藥政經理私下開設藥局的期間，這家藥局涉及與醫師聯合詐領健保給付，遭檢調追訴，而影響他自己的生活作息與工作情緒，對工作表現也有重大影響，所以導致工作表現不佳。

三、公司的處理方式符合「解僱最後手段性原則」

藥妝公司為了協助這名經理改善，已經指派了主管擔任輔導老師，而這位經理自己也簽名同意實施「員工績效改進計畫」，針對團隊互動溝通、案件彙整分析等工作表現，進行了兩個月的改進計畫，但最後還是沒有改善。

法院認為公司確實已經依照嚴謹的程序，使用了各種保護手段，促請這位經理忠誠履行勞務義務，但最後仍無法改善；公司在不得已的情況下，才只好把他資遣。因此，法院認為符合解僱最後手段性原則。

專家的建議

主客觀綜合認定「不能勝任工作」

員工是否不能勝任工作？依照我國法院的看法，應該考慮主觀和客觀兩個部分。在客觀上，需要考量勞工之工作能力、身心狀況、學識品行等；而在主觀上，則必須衡量員工是否有「能為而不為」、「可以做而無意願」之消極不作為情形。

因此，雇主或是人資主管，切記不能僅僅從考績評分的高低，而直接認定員工無法勝任工作！除了客觀上的績效表現外，也應參考蒐集其他主管或員工的觀察意見，而不能單單以主管一個人的想法為主。此外，並應同時考量：該員工自己主觀上有沒有展現出積極、願意改進的態度？

解僱是最後手段，「績效改善計畫」不可少

我國法院的態度，其實是比較保護勞工的工作權。因此，針對勞工確實不能勝任工作的狀況，雇主必須在使用所有其他手段後，如果勞工的表現及態度仍無法改善，才能終止勞動契約。

另外，我們的法院也越來越與歐美接軌，認為在開除績效表現差的員工之前，應該給予改善表現的機會；而如何客觀地衡量其是否真的切實改善，就必須仿效歐美國家的做法，由主管與員工懇談商議後，達成一個雙方都能接受的完整「績效改善計畫」（PIP），並搭配相關資深主管或人員從旁輔導員工，或甚至制定獎勵措施。

此外,也要給予員工合理的改善期間,尤其要確定所訂立的改善目標,確實可以合理期待員工能在指定期限內完成,不能太短,以免法院認為公司「強人所難」。如果窮盡上面一切作法,而員工績效及工作態度還是不見改善時,法院就會支持公司解僱不適任員工。

工作規則應明定考績評定方式

在現代勞務關係中,企業規模漸趨龐大,有時受僱人數眾多,雇主為提高人事行政管理之效率、節省成本,因此會制定工作規則,明訂工作場所、內容、方式及出勤、退休、撫恤及資遣等各種工作條件,以利員工一體遵守。通常法院都會尊重公司的做法,並認定工作規則也屬於勞雇契約的內容。

本案就是很好的例子:該公司不但設有完整的工作規則、明定考評標準,還進一步規定相關獎懲、改善程序甚至績效改善計畫,讓員工有所依循。這既能夠保障員工的工作權,也方便雇主進行管理。

1-3　業績差又未達績效改善計畫標準，可否依法解僱？

Q 如果公司有這樣的業務員，是否能依法把他開除？

- 業績達成率只有六成；
- 同一個月份內，要求請假五天；
- 以公司配置的筆電購物、安裝其他軟體，導致電腦中毒；
- 得知要執行績效改善計畫後，家人跑來公司與主管爭論。

(　) A. 工作表現不好就算了，還害公司電腦中毒，可以開除！

(　) B. 都不是太嚴重的缺點，公司應該多包容員工，不能開除。

(　) C. 家人都跑到公司來了，應先讓員工表達意見，了解背後的原因。

案情摘要及爭議說明

醫藥公司 v. 業務員

（臺灣高等法院 102 年度重勞上字第 1 號民事判決）

　　某女性業務員在醫藥公司工作，績效表現未達標準，公司於是對其進行「績效改善計畫」（Performance Improvement Plan，

簡稱 PIP），但該業務員狀況仍然沒有起色，業績達成率只有六成到八成。

此外，該名業務員得知公司要執行 PIP 後，其丈夫竟跑來辦公室與經理爭論。另外，雖然公司設有資訊管理規定，但業務員還是利用公司配置的筆電上網購物，並在筆電內安裝其他軟體，導致筆電多次中毒。因此，公司最後便以這位業務員「對於所擔任之工作確不能勝任」為由，予以開除。

 法院判決

判決結果：解僱不合法！

一、「確不能勝任工作」的判斷標準

雖然勞基法規定：對於確實不能勝任工作的員工，公司可以依法將他開除。不過，這也必須要員工的工作表現已經太差，無法達成公司的營運目的，這時才能合法解僱員工。而且，根據「解僱最後手段性原則」，對於這樣的員工，公司還必須採取例如教育訓練、績效改善等措施後，才能把始終無法改善的員工解僱。

不過，怎樣才叫作「確不能勝任工作」呢？根據法院的說明，員工同時在客觀上和主觀上都不能勝任工作，才屬於確實不能勝任工作。在客觀方面，需要考量員工的工作能力、身心狀況、學識品行等；而在主觀方面，則必須考量該員工是否有「能為而不為」，「可以做而無意願」的情形……。例如，雇主是不是有通知改善，而員工仍拒絕改善？或員工已直接告知不能勝任工作，

或員工有故意怠忽職守的情形等等。

法院並特別提到：工作上偶爾疏忽，是人情之常，而工作品質的高低，其實也因人而異。所以，員工就算工作上有疏忽，或工作品質低落，都必須是嚴重到已經不能勝任工作，才符合勞基法開除的條件。因此，公司不能單方面憑自己的主觀，就片面認定員工不能勝任工作，而將他解僱。

二、該公司的評量標準不夠客觀

1. **公司的 PIP 改善指標不夠合理明確**。該公司的 PIP 上記載，如果業務員對於 PIP 有任何疑問，公司主管會嘗試回答，但「這份文件的基本內容是不接受協商的！」對於該公司這樣的政策，法院認為 PIP 根本只是由公司單方面所制訂的，並沒有顧到實際情況，也沒有給業務員討論協商的機會，因此，PIP 並不合理。

2. **業務區域曾被調整，可能影響其表現**。法院認為：該業務員過去負責的業務區域是新竹，但在 PIP 實施時，公司卻把她調到內湖，負責新的業務。這種業務區域調整，的確會對業務推展及業績有影響，所以，即便業績無法達標，也是情有可原。畢竟，該公司也有另一名業務，原本業績達成率為 126％，但也因為業務區域調整，使得其整體業績達成率降為 87％，顯見業務調整的確對業績表現有很大的影響。

3. **銷售產品性質特殊，不能強人所難**。這家醫藥公司的大部分產品，都屬於特殊性耗材，例如患有大腸癌或有適應症傷口的病人才能適用，和一般普遍性、廣泛被使用之醫療器材或藥物不

同。由於藥材的特殊性，因此如果某個月份剛好就是沒有這類需求的病人，就算業務員確實努力招攬業務，業績也不可能大幅成長。

綜合以上觀察，法院指出：雖然這名業務員的業績不符合公司期待，並且執行 PIP 後也沒有顯著改善，但公司的 PIP 本身不夠客觀公允，甚至提出難以執行的 PIP，顯然強人所難；因此，不得以業務員不能勝任工作為由，加以開除。

 專家建議

員工是否不能勝任工作，並非老闆說了算

從這個案子的判決來看，員工到底是不是屬於「確不能勝任工作」，並不是老闆自己說了就算數的，也不是少數一兩個主管可以主觀地加以決定。員工的表現是不是真的那麼糟，法院不會只聽信公司的一面之詞，而會考量客觀上員工較差的表現，是否情有可原，例如：因為受到業務區域調整，或推銷的產品較為特殊等客觀因素。甚至，從這個案子也可以看出來，法院是比較站在同情員工的立場，才會認為在職場上，員工難免有疏忽或是表現不佳的時候；遇到這種情況，雇主就算不滿意，還是應該要多包容員工，畢竟員工偶有「突槌」，也是人之常情！

根據解僱的最後手段性原則，公司對於工作表現比較差的員工，並沒有辦法立刻就把他開除，而是要先讓員工有改善表現的機會；這時，公司必須要有一個客觀的評量標準，作為評估員工

表現是否確實改善的依據。

應與員工充分商議後再制定 PIP，並評估改善情形

　　根據筆者這幾年在演講場合對人資主管的調查，發現公司不分大小，有超過 70％的人資主管沒有聽過 PIP 這個名詞，更不用說大部分公司根本就還沒有採行這樣的制度。其實「績效改善計畫」（PIP）在歐美大公司行之有年，主要是針對績效表現沒有達標的員工，透過不同部門主管的觀察考核，再加上跟員工的訪談，以了解員工績效表現較差的原因。其後，再根據員工能力的不同及訪談結果，和員工共同商議並訂定合理的改善目標，並且給予員工合理的期間改善。除此之外，在實行 PIP 期間，相關資深主管或同事也應從旁輔導該名員工，而非讓員工放牛吃草，自行摸索改善之法。有些公司甚至在 PIP 實施期間，還會有一些獎勵措施，讓員工產生榮譽感，從而積極改進。

　　另外，根據法院的見解，對於正在執行 PIP 的員工，公司也應該給予合理的時間讓其改善，且不能把改善或評量期訂得過短，以免「強人所難」。以本案來說，三個月的改善期有點過短，而應該給予員工至少六個月的時間，才能看出其真正表現。當然，如果窮盡上面的作法，而員工的績效及工作態度還是不見改善時，才能算「確不能勝任工作」，而這時法院就會支持公司開除這樣的員工。

1-4 因精神疾病造成公傷，是否屬無法勝任工作？

Q 如果工廠僱了這樣的作業員，是不是可以依法開除他？

- 憂鬱、情緒不穩且經診斷有自殺傾向，醫師強烈建議住院治療；

- 出院後，復工沒幾天又精神恍惚，駕車自撞電線桿；

- 平時有情緒問題，偶爾會和同事發生糾紛。

（　）A. 服藥與精神不濟，除了對作業員本身極度危險外，也會對工廠的產品良率產生負面的影響，因此開除有理！

（　）B. 雖然作業員有精神方面的困擾，但平常為人和善，生病已經很值得同情，開除似乎太過嚴重了！

（　）C. 現在有不少人罹患憂鬱症，若非真的已經到了無法工作的程度，應該不至於要開除吧！

案情摘要及爭議說明

鋁工廠 v. 第一線作業員

（臺灣高等法院 106 年度勞上字第 16 號）

某作業員在工廠任職兩年多，雖然因病請假的頻率較高，但

平常工作不遲到早退，也沒有發生過無故曠職的情形。在任職期間，作業員偶爾會因為情緒不穩，而跟同事發生糾紛；某日並疑似因為服用藥物之故，而在操作機器時產出較多的不良品。

其後，這名作業員請假到醫院接受檢查。經過醫生的診斷及建議，先向公司請假入院療養兩個多月。作業員後來出院，才剛復工十天，就在上班途中，疑似因服用精神治療藥物而精神恍惚，駕車自撞電線桿而受傷。

公司得知後，打算資遣這位作業員，作業員因此向當地政府機關提出勞資爭議調解；經雙方協商後，公司同意讓作業員依病假及公傷假規定，請假在家療養。不料，當作業員在一個月後身體復元，打算回來復工時，卻發現公司已經把他開除。作業員主張公司的開除違法，要求回復工作並給付薪資。

法院判決

判決結果：工廠敗訴，解僱違法！

根據勞基法第 11 條第 5 款的規定，勞工對所擔任的工作不能勝任時，雇主可以經預告後將其解僱。

在本案當中，法院是如何認定「確不能勝任」的呢？

一、要考量員工的學識、技能、身心狀況以及意願

就像本書其他案例中曾經提過的，法院認為應該考量員工在客觀上所具備之學識、技能與身心狀況，以及員工意願等主觀情

況。

　　法院在審理後認定，雖然這位作業員偶爾粗心，產出不良品稍多，但連其直屬領班或同事都認為是在可以接受的範圍內；而且，作業員的工作主要是在操作機器，要求的是細不細心，跟學歷高低或是否擁有專業技術等，其實並沒有太大的關係。因此，法院認為：在客觀上，作業員是可以勝任這份工作的。

　　此外，該名作業員在工作的時候都會依規定戴上手套，小心操作機器；在公司任職的兩年多期間，雖然請假次數稍微多了一些，但都是依照規定請假，也沒有遲到早退或曠職的情形。因此，雖然作業員會有情緒不穩的現象，偶爾和同事發生糾紛，但並沒有故意怠忽工作，或者是發生公司要求其改正錯誤、但作業員仍拒絕改善的情形。因此，法院認為：作業員在主觀上也是能勝任這份工作的。

二、發生職災，公司須與員工協商相關措施

　　本案中最重要的事實部分，是在員工精神不濟、開車自撞電線桿之後，雖然經過公司和員工調解，達成了相關的病假及公傷假請假的處理方式，而讓作業員開始依規定請假，但公司卻在十天之後，直接以作業員「有嚴重精神問題與服用超量憂鬱症藥物……而不能勝任工作」，依勞基法規定解僱這位員工。

　　法院認為，其實作業員是發生職災，且依規定請假也得到公司的同意，所以並不是作業員主觀上不想來上班。而且，作業員經過醫生診斷，是可以慢慢回復工作的。這時，根據職業災害勞

工保護法第二十七條的規定，公司就應該跟員工協商，討論如何讓他漸進式復工，並安置適當之工作，以及提供其工作所必要之輔助設施。公司直接趁作業員依規定請假期間，把他開除，實際上就違反了「解僱最後手段性原則」。

 ## 專家的建議

解僱「確不能勝任工作」之員工，需同時符合主觀及客觀標準

怎樣的員工才算「確不能勝任工作」？這並不是老闆說了算，而必須依照法院早已建立的主觀及客觀標準，分別仔細地考慮及評估。比較務實的作法是：應該針對員工主觀的工作意願，以及客觀上的工作表現，定期依照客觀的考績評量標準，由員工的多位主管及同事一起參與考核，甚至也應該加入員工自評的部分，以求在考核其工作表現上盡量公正客觀，避免員工事後申訴或主張解僱違法。

心理健康影響工作表現，應有專業輔導及追蹤機制

員工是一家公司最重要的資產，而其心理健康則會影響到工作的表現。不過，現代人礙於情面，或為了保住工作飯碗，大都不願意向他人傾訴自己的煩惱或對外求助。有鑑於此，目前許多中大型公司都設有心理輔導室或諮商室，並且聘請專業的心理輔導人員，透過活動的設計或是洽談，主動舒緩員工的工作壓力或情緒上的困擾，甚至及早發現員工的心理問題而積極輔導。

員工因公受傷或生病，公司應依法安排適當工作及提供協助

　　根據職業災害相關法律的規定，對於因為工作而受傷的員工，如果經過專業的醫療評估，需要請假休養者，公司應該依照勞動部頒布的勞工請假規則，依法准予請假。至於在受傷或生病的復元期間，如果員工願意開始試著復工，公司依法也必須提供漸進式的輔導，以及提供適當的輔具協助（例如：加裝無障礙設施，或提供輪椅、枴杖、可調整高度的工作座椅等），或者先安排員工從事其他較適合的工作。如果公司沒有依照法律的規定提供相關的必要協助，而就直接找理由開除員工，肯定不會被法院接受。

勞資爭議如調解成立，公司應遵行，避免違法

　　對於勞資爭議，根據勞資爭議處理法的規定，雇主或員工任一方都可以提出調解或仲裁申請。調解或仲裁的好處是，雙方可以用比較省時甚至省錢的方式，來解決勞資爭議，而不用透過需時較久的法院訴訟程序。調解的另一個好處是，雙方及調解委員對於過程及達成的協議會加以保密，因此，對於公司而言，為了形象考量，最好能先與員工進行調解，以避免公司內部糾紛在大眾面前曝光。

　　根據法律的規定，如果調解成立，視為雙方已經針對糾紛事項達成契約的協議，所以，雙方都有義務遵守協議的內容；一旦違反，對方就可以主張違約及相關的損害賠償。

1-5

跟同事衝突又常請假，工作偷懶還睡覺，公司開除有理？

Q 如果公司僱了這樣的作業員，是否可以開除他？

- 時常和同事起爭執、甚至大罵前來勸架的主管、威脅同事，並遭恐嚇罪判刑確定；

- 遭降職後，還常在工作時偷懶又睡覺、工作效率奇差；

- 時常以身體不適為由，請了太多的事病假；

( ) A. 動不動就跟同事主管起衝突，工作態度差又偷懶、常請假，當然可以依法開除。

( ) B. 雖然常跟同事長官起衝突，但經常請假，顯然身體有些狀況，公司應該多包容，不能開除他。

( ) C. 請神容易，送神難。當初面試時，為何沒有發現這些問題呢？

案情摘要及爭議說明

電路板公司 v. 工廠作業員

（臺灣高等法院 103 年度勞上字第 59 號）

某員工一開始是擔任工廠電路板印刷的作業員，但屢屢跟同

事發生衝突、甚至還大罵前來勸架的主管等等，而遭公司多次記過。這名員工不思悔改，甚至語出恐嚇、威脅曾經連署要他調職的其他同事：「你就不要被我堵到」、「你三小（臺語），你要叫什麼角頭出來說都沒有關係，我會在外面找人堵你。」遭法院依恐嚇罪判刑確定。

　　公司考量他和同事相處不佳，加上同事串連連署要求將他調職，跟他商量之後，把他降調為清潔工。但是，降調之後，他還是難以溝通，無法完成交辦事項，而且工作效率奇差。除此之外，他還常常偷懶，甚至上班時間躲起來偷睡覺、擅自進入管制禁區，並且請了非常多的病事假。

　　在擔任清潔工期間，這名員工也與同事起爭執，導致主管必須把他所負責清潔的範圍跟其他同事區別開來，以免再起爭端。為了這名員工，公司認為已經屢勸不聽，記過、降調跟降薪輔導等也起不了任何作用，因此以這名員工無法勝任工作為由，將其開除。

法院判決

判決結果：公司勝訴，解僱合法！

　　根據勞基法的規定，公司對於確實無法勝任工作的員工，是可以把他開除的。不過，所謂的「確實不能勝任」，到底要如何判定呢？讓我們來看看審理本案法官的見解：

一、已依法報備，依工作規則懲戒合法合理

　　本案中，這名員工所任職的公司對於正式人員訂有員工考核辦法，並定期依照考核辦法進行工作評核及年終考核。而這家公司所訂的工作規則，也有依法報請主管機關核備。根據該公司工作規則的規定，「在工作場所擾亂秩序或妨害他人工作者」及「對同仁惡意攻訐……」等違規行為，是可以記小過；至於「威脅主管有具體事由」者，則是記大過。

　　這名員工原本是擔任電路板印刷作業員，但任職期間屢屢跟同事爭執吵架，還出言恐嚇同事，以及不服從主管的勸導，所以早就因違反工作規則而被公司記了許多小過、大過，並予以減薪。而這些懲戒，依照勞動法及勞雇契約來看，也都是合法合理的。

二、員工屢勸不改，主客觀上皆無法勝任工作

　　這名職員在被降調成清潔工後，不思悔改，不僅沒有認真負責份內工作，工作態度也很消極：不是經常溜班或跑去偷睡覺，就是常常請假，或在工作時出現在禁區等不該出現的地方。對於這位員工的擅離職守、表現怠惰，公司也都提出了懲罰通知單、書面告誡通知單、禁區告示及睡覺照片等，證明員工的確在主觀上態度消極，能為而不為，並沒有積極想完成工作。

　　而在客觀上，即便主管一再勸導、告誡，但這名員工都沒有達到主管所設定、較其他員工還低的工作標準，顯然這名員工工

作效率極差，在客觀上的確是連簡單的清潔工作都無法勝任。

三、公司已窮竭較輕的懲戒手段

我國勞基法有所謂的「解僱最後手段性原則」，目的是要保護員工的工作權。根據這個原則，公司面對工作不力的員工，在解僱之前，必須要先採取調職、減薪、降職的方法，並給予一段時間改進，且應該在其改進期間提供適當的輔導及訓練。在本案中，這名作業員在被降調成清潔工之前，公司也的確試著採取了其他較輕的懲戒方法，而對員工予以記過、降薪，最後才是調職的處分，但這名員工仍頑性不改、屢勸不聽。

公司為了輔導他，除了請主管隨時關心他，並依規定不定期訪談規勸，但他不僅毫不改善，反而行為變本加厲，並一再出現溜班、睡覺、怠工等離譜的行徑，顯然在主觀及客觀上都沒有辦法勝任清潔工的工作。在綜合考量後，法院認為公司對他已經仁至義盡，符合解僱最後手段性的要求，因此，認為開除有理。

 專家的建議

管理員工應有詳細辦法，工作規則報備不可少

根據勞基法的規定，如果公司的員工人數超過三十人，就必須訂定工作規則，且要向公司所在地的主管機關提出報備。雖然這項規定是在規範三十人以上的公司，但實務上，由於勞動契約一般都只有短短幾頁，不可能把公司和勞工之間的權利義務規範

得鉅細靡遺，因此，如果員工人數已經超過五、六人，為了讓員工在請假、休假及獎懲方面有所依據，都建議參考勞動部所提供的工作規則範本，訂定詳細的工作規則，讓員工有所遵循，也能避免不必要的爭議。

輔導懲戒的文件應妥保留，避免發生爭議

法律上有一句諺語：「舉證之所在，敗訴之所在」。許多臺灣的中小企業，平常忙於業務的拓展，而疏於打理內部管理事項，例如：對員工的請假，並沒有明確的規定；或者，對於員工的違規行為，也沒有相關的書面訪談紀錄或調查報告。一旦將來員工不服氣，申請勞資爭議調解或是鬧上法院，公司經常會拿不出任何書面證據自保。因此，建議公司應該針對請假、獎懲甚至到職離職制度加以表單化、書面化，甚至讓員工簽名同意或確認，以避免將來員工翻臉不認帳。

循序漸進，才符合最後手段性原則

我國勞基法基本上是比較保護勞工的工作權。因此，對於不適任的員工必須用盡一切的懲戒和輔導手段，才能夠在最後予以解僱。

基於這個最後手段性原則，公司對於員工的懲戒都應該循序漸進，而在制訂懲戒規定時，也要依照相同方式，對於哪些違規行為應該予以警告，哪些行為應該予以記小過、大過，都應該依照比例原則做合理的規定。此外，對於犯錯而調職的員工，除了

懲戒以外，還應該派遣資深人員或主管進行一定時間的輔導，並針對輔導內容、輔導過程、輔導結果等等，都留下詳盡的書面紀錄，甚至邀集多位資深同仁或主管一起參與績效改善評估，讓輔導結果的考核能夠客觀。如果踐行了上述程序，那公司的懲戒結果（包括開除員工）就比較能被法院接受。

提供員工意見反映及申訴管道，確保程序公平及勞資溝通順暢

由於公司的懲戒或主管的考核，經常會牽動到員工的考績，最終影響到他的年終獎金等權益，因此實務上經常發生：員工主張主管考評不公，或公司並未針對主管考評或懲戒提供合理申訴管道。為了讓員工心服口服，並且符合程序的公平，公司最好能建立一個內部申訴的機制，甚至訂定出詳細的申訴及處理申訴辦法，並公告讓員工周知。對於員工的申訴，也應該在合理時間內處理回覆，並將回覆結果妥善保存，以免員工事後主張公司的申訴只是徒具形式。

第 2 章

國罵？臺罵？何種辱罵才叫重大侮辱？

　　勞基法所允許的合法解僱方式，可以分為兩種：第一種是因為公司虧損或業務調整，基於經濟性原因而做的解僱。另一種解僱方式，則是因為勞工違規或犯錯，出於懲戒處罰的理由而做的解僱。本章與第一章討論的判決和案例，雖然都屬於懲戒性解僱，但第一章主要是基於員工不能勝任工作，公司因此將之解僱；至於本章討論的焦點則在於，員工對於雇主或同仁有「重大侮辱」情形時，雇主可否予以解僱。

　　根據勞基法第 12 條第 1 項第 2 款的規定：如果員工「對於雇主、雇主家屬、雇主代理人或其他共同工作之勞工，實施暴行或有重大侮辱之行為者」，公司是可以將之解僱的。所謂的施以暴行，字面上的規定算是淺顯易懂，主要指的是員工採取毆打等暴力的方式，對待雇主或同仁。比較容易產生疑問的，乃是所謂的「重大侮辱行為」。

　　畢竟，什麼樣的侮辱才算重大？每個人的主觀標準可能都不太一樣。舉例來說，在公司正式的會議場合中，如果對於特定議題爭執不下，發生員工口出三字經辱罵同事或主管的情形，這時，一般人應該都會認為這名員工已經構成了重大侮辱。不過，如果是在員工們休息聊天的場合，而對主管或同仁口出三字經的，是從事勞力工作、學歷不高的員工，而且這名員工平常講話就帶有

這一類口頭禪，那麼，公司是不是還能主張員工有重大侮辱行為呢？相信讀者們可能會有不同的看法。

此外，如果被罵的對象是公司的老闆或主管，而非一般的員工或同事，這時，法院所採取的「重大侮辱」標準，是否是一樣的？或者，對於公司內負有領導統御責任及權力的老闆或主管，即便侮辱的程度較輕，也會構成重大侮辱？

再進一步來說，如果受僱的員工，竟然還跟老闆的配偶發生婚外情，發現真相的老闆，是不是也可以主張自己受了重大的侮辱，而以此理由解僱員工呢？這種灑狗血的劇情，聽起來好像只會發生在好萊塢電影或臺灣電視劇當中，但實際上，本章所討論的案例中，就收錄了這麼一則高等法院的判決！

從第一章討論的判決來看，對於不能勝任工作的員工，法院通常會要求公司遵行所謂的解僱最後手段性原則，在解僱之前，需要對員工採取降職、減薪或調職的處分，並且給予員工改善的機會。相較之下，在讀完本章相關判決後，讀者應該會發現我國法院對於員工的重大侮辱、甚至暴力行為之舉，基本上是認同跟支持公司所採的零容忍態度：一旦認定員工確實有重大侮辱之舉，公司是不用先採行較輕的降職、減薪或調職處分，而是直接可以把這類員工直接開除的！

2-1 員工怎樣罵老闆，算是重大侮辱可開除？

Q 如果公司僱了這樣的副理，是不是可以依法開除他？

● 對總經理咆哮，並大罵「無能、公司為什麼有這樣的老闆」；

● 在與總經理吵架完、離開辦公室前，用公司同仁都能聽到的音量，大聲對總經理表示：「你們看怎麼樣，明天不讓我進公司就試試看，大家就玉石俱焚！」

( ) A. 對於總經理說話語帶威脅、讓總經理顏面掃地，當然構成開除的理由！

( ) B. 雖然這位副理激動了點，但好像也沒那麼嚴重，所以不能直接開除。

( ) C. 要看他們當場的互動而定，說不定是總經理先羞辱他。

案情摘要及爭議說明

人力資訊公司 v. 副理

（臺灣高等法院 104 年度勞上字第 96 號民事判決）

某副理於上班時間，在公司經理室與總經理討論事情時，兩

人對於公司制度的意見相左，發生爭執。這位副理不滿總經理採取的處理方式，當場關上經理室的門，並且使用宏亮的嗓門音量，對著總經理咆哮，並罵「無能、公司為什麼有這樣的老闆」等字眼。雖然經理室的門是關閉的，但其他員工都能夠清楚聽見他的咆哮。副理在離開公司前，更對著總經理表示「你們看怎麼樣，明天不讓我進公司就試試看，大家就玉石俱焚」等語。

對於副理的行徑，公司於是依照勞基法有關「重大侮辱」雇主的規定，通知終止雙方的勞動契約。這名副理不服氣，主張他只是基於工作本分，提出自身專業看法，並沒有辱罵行為。

法院判決

地方法院與高等法院的判決結果都一樣：副理敗訴，公司解僱合法！

根據勞基法第12條第1項第2款的規定，如果勞工對於雇主、雇主家屬、雇主代理人或其他共同工作之勞工，實施暴行或有重大侮辱之行為者，雇主是可以直接把他解僱的。

不過，這裡所指的「重大侮辱」，到底要如何判定呢？審理的法院提出以下幾個重要的考量因素：

一、綜合判斷

針對每個具體事件，必須斟酌下列所有情事，加以綜合判斷。包括：

1. 被侮辱的人所受的侵害有多嚴重——被侮辱的人，可能是
   雇主，也可能是雇主家屬或其他員工，這時就要看他們的
   名譽或情感受損的程度；
2. 斟酌勞工及受侮辱者雙方之職業、教育程度及社經地位等
   背景；
3. 行為當下，侮辱者及受侮辱者彼此所受的刺激；
4. 發生侮辱行為時，當時所處的客觀環境；
5. 侮辱者平時使用語言的習慣（比如有些勞工習慣用「×！」
   等粗話作為語助詞）。

二、勞雇關係已經無法繼續走下去

也就是說，勞工的侮辱行為是不是過於嚴重，客觀上讓雇主
無法繼續勞雇關係（這裡法院參考了最高法院 92 年度台上字第
1631 號判決）。

法院表示：這位副理的行為，完全沒有顧及總經理的顏面，
明顯違反職場倫理；此外，他也並非針對公司具體制度有何不妥，
做出客觀的批判。針對公司制度的好壞，雖然副理可以向雇主提
出專業看法，但應該要就事論事，只針對制度本身提供建議或批
判。而不能因為與雇主意見不同，不滿雇主處置，就出言不遜，
對雇主的經營及領導能力做出人身攻擊，甚至不惜以「玉石俱
焚」結束與雇主間的對話。

畢竟，到了這個地步，已經讓勞雇關係無法繼續走下去。副
理的這些行為顯然已經對公司其他員工造成影響，讓其他員工對

雇主的指揮監督能力產生質疑,而傷害了勞雇關係中最需要穩固的「從屬、服從及信賴關係」,會造成雇主未來很難指揮監督旗下員工。因此,本案僱傭關係已經被嚴重影響,再也無法期待公司繼續與副理維持僱傭關係。所以,這位副理的行為的確構成了「對雇主的重大侮辱」,而公司確實可以依法解僱他。

 ## 專家的建議

員工建議須客觀,人身攻擊不可有

對於公司的現有制度跟上司的領導方式,員工雖然可以基於專業跟經驗,提出改善的建議,但要盡量保持客觀,並且注意自己說話的態度跟內容,不能出現情緒性的謾罵,或是對老闆或同仁加以人身攻擊。

別讓雇主失顏面,勞雇關係難繼續

此外,公司的組成分子,並非只有老闆跟副理兩個人,而可能還會有其他的工作夥伴。因此,如果員工對於上司作出重大侮辱之舉,不僅會讓上司顏面無光,而且會造成上司在其他同仁面前威信全失,未來可能沒有辦法有效地指揮領導其他屬下。萬一發生這樣的情形,法院就會認為勞雇關係沒辦法繼續走下去,只有解僱一途。

重視員工意見，批評應對事不對人

　　相對來說，員工是公司最重要的資產，很多的歐美公司也非常重視員工對於工作或公司制度的回饋意見。因此，為了隨時體察員工心聲，建議公司應該定時或不定時舉辦一些員工座談或問卷調查，來了解如何更加改進公司的制度。當然，在鼓勵員工發表意見的同時，也應該在工作規則中提醒員工：發表意見應對事不對人，盡量避免有人身攻擊，或有重大侮辱的行為。

2-2 員工和老闆娘搞婚外情，是重大侮辱？可以解僱嗎？

Q 老闆能不能開除這樣的員工？

- 和老闆娘發展婚外情；
- 跟老闆娘在公司地下室偷情時，被當場抓姦。

（　）A. 讓老闆難堪，還破壞別人家庭，絕對要開除！

（　）B. 員工的私德跟工作無關。如果員工沒有違反勞雇契約，就不能直接開除。

（　）C. 這員工也太膽大妄為了吧，他是想伺機篡位當老闆嗎？

案情摘要及爭議說明

食品公司 v. 食品師傅

（臺灣高等法院 101 年度勞上易字第 79 號）

　　食品公司老闆外出送貨返回公司時，發現某員工匆匆忙忙從地下室衝出，且神色慌張、支支吾吾。老闆當下直覺不對勁，立刻奔到地下室角落查看，竟然發現老闆娘衣衫不整、下身赤裸躺在紙箱上。老闆當場大怒，並和該員工發生扭打，且表示要立刻開除該名員工。事後，老闆娘向老闆坦承跟該名員工早已交往多

年，並且曾去過賓館，甚至還趁老闆不在時，在公司地下室偷情過。

　　老闆事後提出刑事告訴，主張員工犯通姦罪，但檢察官認定罪證不足而未起訴。該員工則以刑事沒被起訴為理由，主張自己並沒有和老闆娘通姦，而老闆的解僱不合法。老闆則主張：該員工與老闆娘雖然通姦沒被起訴，但還是構成對老闆的重大侮辱，故依照勞基法可以合法開除，不需給付資遣費。

 法院判決

判決結果：開除合法！

一、侮辱情節重大，才能直接開除

　　勞基法所指的「侮辱」，是指用言語或行動，讓他人覺得難堪；而「重大侮辱」，是指勞工的侮辱行為，在程度上已經嚴重到無法期待雇主能繼續容忍，或是如果繼續勞雇關係，將會造成雇主的損害，而使雇主非得終止契約不可。這時，雇主才能直接開除員工。

二、民事法院認為確實有通姦，構成對雇主的重大侮辱

　　該名員工用許多方式，試圖澄清自己沒和老闆娘通姦（例如：老闆沒有把「抓姦」現場的衛生紙送驗等等），並主張老闆故意用通姦來做為不付資遣費的藉口。員工也特別強調，自己被告通姦罪的部分也沒成立。

　　根據刑法的無罪推定原則，寧可錯放一百，而不能錯殺一人，所以對於犯罪的認定非常嚴格。相對來說，在民事案件中，原告和被告則是各自提出自己的證據，來設法說服法院，這時只要一方的說服力稍微大於另外一方，就足以獲得勝訴。所以，在法律上有所謂的「民刑分離」原則，可以允許民事法院針對當事人間所提的相同證據，不採取與刑事機關相同的立場。

　　所以，雖然員工的通姦罪不成立，但畢竟老闆娘也作證指出該名員工的身體及生殖器特徵，來證明兩人的關係親密，超越一般正常情誼。而一般人也不會為了不想付員工資遣費，就故意栽贓員工跟自己的老婆通姦；畢竟，這是攸關名譽，而且也關係到家庭的圓滿。基於這些理由，民事法院認為即便通姦沒被起訴，但通姦的事實仍然存在。

　　法院並指出：該名員工在公司任職十多年，老闆也很信賴這名員工，但員工竟然和老闆娘發展出這種男女肉體關係，而且時間長達五年！這對老闆是非常大的傷害，已經達到不堪承受的重大程度，毫無疑問屬於重大侮辱行為！因此，老闆開除員工，屬於合法解僱，而員工也不能依法請求給付資遣費。

 專家的建議

員工構成重大侮辱，就可以直接開除！

　　到底什麼叫作「重大侮辱」？為了保護勞工的工作權，我國法院通常會採取嚴格解釋，而經常認定員工的辱罵行為還不夠重

大，並且也指出：在判斷員工的侮辱行為是否重大時，要考量員工的教育程度、社會地位、平常使用語言的習慣等等。因此，在過去的判決中，我們會發現：有時候即使員工對老闆或同事罵髒話、三字經，法院仍然可能會認為這只不過是員工平常的說話習慣，不能認為就是重大侮辱。

不過，像在這個案件中，法院就直接認定：員工和老闆娘搞婚外情，確實是非常嚴重的行為，構成對雇主的重大侮辱，這時候也不用再討論所謂的比例原則或「解僱最後手段性原則」，因為這已經不是靠降職、減薪或其他手段就可以解決的！畢竟，員工連老闆的家庭都能破壞了，怎麼還可能期待老闆繼續僱用這名員工呢！因此，雇主當然可以合法開除這名員工。

員工應謹守分際，注重職場倫理

員工在職場上，還是要注意人際倫理！就算公司沒有特別的工作規則明訂不能搞婚外情，在男女交往上還是應該謹慎；尤其，從一般人的觀點來想像，如果員工是跟老闆的配偶發生婚外情，可以想見會讓老闆有多難堪、多受傷，這時老闆當然可以依法直接把員工開除！

身為員工，也不要以為通姦通常很難抓到確切證據，而因此心存僥倖。畢竟，根據民刑分離的原則，民事法院在證據要求上不會特別嚴格，因此有可能會發生刑事無罪，但民事仍被認定通姦的情形。

尤其，如果員工已經在公司任職多年，就表示與老闆甚至其

家人都已熟識，而建立了很深的信賴關係，這時，如果做出通姦這麼嚴重的背叛行為，當然會嚴重破壞勞雇之間的信賴關係，而使得老闆只有開除員工一途了！所以，身為員工，對於老闆或老闆的家人，更應該小心維持情感上的分際，「發乎情、止乎禮」，不能有重大踰矩的行為。否則，如果遭公司以「重大侮辱」開除，就別妄想能拿到資遣費囉！

2-3 開車衝撞警衛還罵三字經，是否該被解職？

Q 如果公司有這樣的員工，是不是可以依法開除他？

- 辱罵公司其他員工，上司勸導多次卻沒改善；
- 和公司門口的警衛多次衝突，並罵警衛是「顧門狗」；
- 某日下班時，甚至開車衝撞該名警衛。

（　　）A. 員工之間縱有衝突，也不應該用三字經問候對方；這樣的員工難以管理，應予解職！

（　　）B. 員工之間偶有衝突，在所難免；公司不可以把私人恩怨當成解僱的理由！

（　　）C. 開車衝撞警衛，已經對他人的人身安全造成嚴重威脅，事情非同小可。

案情摘要及爭議說明

食品公司 v. 加工廠員工

（臺灣高等法院高雄分院 105 年度勞上字第 8 號）

　　某食品公司加工廠的員工，常跟同事起衝突。當公司品管人員要求其改進工作時，這位員工就會態度不佳，甚至常以三字經

問候對方；主管得知上情，曾經多次要求這名員工改善，但他依然故我。

每週一，這家公司固定會發給員工一人一頂髮帽，作為工作時維護安全與衛生之用；員工如果多領，則需自付費用。某次，這名員工企圖多拿髮帽，被公司警衛發現制止後，這名員工心生不滿，當場以三字經及「顧門狗」等詞語辱罵對方。警衛事後向廠長回報，而廠長也要求他前來說明，員工卻置之不理。

某天，這名員工為了不跟曾經糾正他的警衛打照面，因此故意比原定時間晚下班，沒想到卻還是碰到了同一位警衛，而且警衛還要求他停車配合檢查。這名員工於是認為警衛是刻意刁難，當下心生不滿，而駕車以時速三十七公里的速度衝撞警衛。幸好警衛反應快，及時閃避到一旁，才沒釀成傷亡。而這名員工在差點肇禍後，還是沒有停車，繼續駕駛車輛揚長離去。

公司認為這名員工已經對同事施行暴行，因此依勞基法直接將他開除。不過，這名員工反過來主張公司的開除違法。他強調：依照公司的工作規則，如果拒絕警衛或管制人員的檢查，頂多只是記申誡而已；而他當時因為工作疲累沒停車受檢，就跟一般沒停車受檢的情況一樣，所以公司只能給他申誡，不能直接開除他，並向公司請求資遣費！

法院判決

判決結果：食品公司勝訴，開除合法！

一、侮辱同事無悔意，不聽從主管指揮監督，輕微懲戒已難見效

　　審理本案的法院指出，早在做出開車衝撞警衛的行為前，這位員工就因多拿髮帽遭警衛制止，當場以三字經及「顧門狗」辱罵警衛。而在廠長要求他前來說明時，這名員工也是完全不予理會，後來甚至在某次開會時，看到廠長出現就馬上離開。顯然，這名員工已經有不服從公司監督的事實，無法藉輕微的懲戒來督促改善。

二、開車衝撞同事是嚴重暴行，法院贊成公司的「零容忍」政策

　　法院指出，警衛平常主要的職責，就是核對出入人員身分，以及檢查員工有沒有擅自將公司財物攜帶外出。因此，就算警衛刻意留下來等候特定員工，以便要求其停車受檢，這名警衛仍然是依照規定執行職務。

　　法院進一步指出，從員工自己承認想避開警衛來看，這名員工顯然對警衛早有不滿。而透過該名員工車上的行車記錄器畫面，可以看見員工當時駕車時速超過三十公里，且跟警衛的距離非常近。該名警衛年紀已過五十，若遭受如此近距離的高速撞擊，恐怕後果不堪設想，不是骨折就是重傷。很顯然地，這名員工駕車衝撞警衛，根本是有意為之，已屬於對同事施以暴行！

三、依照違規情節輕重處罰，不拘泥於工作規則的字面解釋，完全合法

員工主張，公司的工作規則第四十七條規定：員工出入工作場所不遵守規定，或攜帶物品出入廠區而拒絕警衛或管制人員查詢者，僅能記申誡。因此，員工認為公司直接把他開除，違反上述規定，也違反了解僱最後手段性原則。

不過，對於員工這樣的主張，法院並不接受。法院認為：雖然公司的工作規則中，的確訂有「拒絕警衛或管制人員查詢，應予申誡」的規定，不過，這項規定，主要是指單純拒絕警衛或管制人員查詢而言。本案的員工並非單純沒停車接受警衛人員查詢或檢查，而是開車對警衛人員予以衝撞，屬於施暴的行為。因此，公司沒有依照工作規則將他記申誡處分，而是直接將他解僱，其實是完全符合比例原則和最後手段性原則。畢竟，對於一個會開車衝撞警衛的員工，如果還要求公司繼續留任，也太不合情理了！

 專家的建議

不理會主管的指揮監督，法院一般會支持採取較重的懲戒

在這個判決中，員工除了對於同儕的規勸或警衛的檢查不加理會外，甚至連主管的指揮監督也置之不理，這樣的行為，容易使得公司主管無法領導統御其他員工，而會危及公司的有效管理

及經營。從過去的一些判決來看，遇到這樣的員工，如果公司採取比較重的處罰措施，一般也都會得到法院的支持。畢竟，勞基法不是只有單方面保障員工而已，也是要兼顧公司的經營管理，否則，一旦公司經營不下去，最後也是會危及到公司其他員工的工作權和生活。

嚴重暴行，屬勞基法合法解僱的事由

一家公司要能夠妥善經營，至少要維持一個安全、和諧的工作氣氛。因此，我國勞基法才會特別規定，如果員工對於公司的老闆、主管或其他同事施以暴行，或是公司主管對於員工有類似暴行，都構成直接終止勞動契約的法定理由。

許多公司對於人員和車輛的進出，都會訂有相關的門禁管制規定，而要求進出的人員和車輛必須逐一或隨機地接受檢查。這樣的措施，其目的就在維護公司的工作環境安全及公司的財產權，本來就是法律所允許的。相對的，對於沒有遵守相關人車管制檢查規定的員工，一般也都訂有處罰的規定。不過，誠如法院在本案中指出的，如果只是單純的不遵守停車受檢的規定，當然是屬於比較輕的違規行為；但如果除了不停車受檢，還涉及開車衝撞警衛或其他人員，那可就是很嚴重的違規行為了！對於這樣的嚴重違規行為，即便公司不先採取降職、減薪、調職等較輕的懲戒手段，而是直接將違規員工開除，也符合比例原則及最後手段性原則！

2-4 三字經罵同事、上司，幾經勸告無效，可否直接解僱？

Q 如果公司僱了這樣的機械工程師，是不是可以依法開除他？

- 時常和同部門同事起爭執，動不動就大罵三字經；
- 連對其他部門主管及同事也態度囂張，情緒管理極差；
- 因脾氣火爆，影響同事的工作情緒及效率，造成生產線效率低落；
- 對新來的工程師多次恣意辱罵，讓新人不堪其辱而離職。

(　) A. 常罵同事或主管，嚴重影響團隊士氣、情緒及合作，當然構成開除的理由。

(　) B. 員工可能是因教育程度跟背景，習慣講髒話或口氣不佳，沒有嚴重到要開除。

(　) C. 如果工作績效還不錯，公司應該可以安排這位員工去上情緒管理的課程吧！

案情摘要及爭議說明

光電公司 v. 機械工程師

（臺灣苗栗地方法院 104 年度勞訴字第 18 號）

　　某員工在光電公司擔任工程師五年，每三個月到半年都會發生一次情緒暴走、大罵同事的事件，而平時也常常口出三字經，甚至對新來的工程師，除了辱罵「肏你媽的」、「雞巴啦」等不雅字眼外，對於新員工的疏失，竟直接大聲斥責「不爽你不要做啊！」「不爽你辭職啊」。結果新員工因為承受不了這位工程師一再的人身攻擊，最後真的向公司請辭，並坦言無法忍受這名工程師的言語侮辱，已經身心俱疲。

　　除了逼走新人以外，這名工程師也曾經和其他同事發生手腳衝突，最後以和解收場。此外，因為他的脾氣火爆，讓其他員工工作情緒低落、團隊氣氛極差，影響產線效率。公司雖然曾經予以申誡，並請主管多次柔性勸導、私下懇談，並以較低之考績提醒等等，都未見成效。

　　對於這樣不受原單位歡迎的員工，公司高層主管為了讓他還能保有飯碗，只好設法把他調到別的部門。不料，由於工程師數年來惡名在外，以致於公司高層連續以電話或電子郵件徵詢了總工程師室協理、公用處處長以及其他課室課長後，這些單位的主管都以該工程師「屢次惡言辱罵同仁」、「不服幹部指導又再犯」、「經勸導指示後仍再犯」、「基於內部經營管理問題，個人爭議太多」為由，拒絕接受工程師調至其單位任職。公司在無計可施之下，只好以「對同仁及主管重大侮辱」為由，把這名工程師開除。

法院判決

判決結果：公司勝訴，開除合法！

根據勞基法的規定，員工對雇主代理人或其他共同工作之勞工，實施暴行或是有重大侮辱的行為時，雇主可以直接把這種不適任員工開除！

當然，所謂的「重大侮辱」，並非由公司說了算，而是應該符合客觀的標準。根據本案的事實，審理的法院是認為構成重大侮辱的。法院的理由如下：

一、侮辱及重大侮辱有客觀標準，非雇主或員工單方可決定

所謂的侮辱，是指以言語或舉動讓別人覺得難堪。至於所謂的「重大侮辱」，則應該依照具體的事件，衡量受侮辱者所受侵害的嚴重性，並且斟酌施辱員工及受辱者雙方的職業、教育程度、社會地位、行為時所受之刺激、行為時之客觀環境，及平時使用語言的習慣，加以綜合判斷。除此之外，這名員工的侮辱行為，還得嚴重影響勞動契約的繼續存在，這時才能將他解僱。

如果某一員工對於團隊其他同仁有重大侮辱的行為，法院就比較容易認定此舉會嚴重破壞公司的秩序，而允許公司可以為了維持秩序，解僱這種施加言語或肢體暴力的員工！畢竟，如果公司是一個講究團隊合作、部門分工的單位，那麼同事間就更應該利害相同，榮辱與共，共同完成團隊的目標及工作。

二、先懲戒與勸導，符合解僱最後手段性原則

法院認為，工程師的工作性質及內容，需要仰賴同事間的合作、協調或支援，但這名工程師卻動輒因為小事或個人情緒起伏，就以不堪入耳的三字經、五字經辱罵同仁，甚至不服從主管指示而影響工作產程，已經嚴重破壞職場工作氣氛及和諧。

這名員工除了被記申誡一次，公司也連續兩年透過年終考核給予柔性提醒，主管更多次私下約談請他改進，卻都沒有見效。由此可見，就算公司施以其他較輕的懲戒措施，也很難防止這名員工再犯，或能讓他有所改進；因此，實在已經無法再期待公司透過其他的方式，繼續維持勞雇關係。

此外，雖然公司曾經嘗試將這名員工轉調，但從徵詢其他單位獲得的結果來看，因為他多年來的情緒及言行失控，早已被公司內部各單位得知，以致根本沒有其他部門敢收他。由此可以想見，這家公司已經沒有工程師的容身之處了！因此，公司最後以員工對同仁重大侮辱為由，把他開除，是符合了解僱的最後手段性原則。

 專家的建議

同事間如需團隊合作，法院對重大侮辱的行為難容忍

某些員工在公司內屬於獨立作業，不會有太多跟同事互相配合的機會。一般來說，這樣的員工如果偶有情緒上跟言語上的不

穩定，或許還不致於影響公司整體的工作氣氛及工作效率，而不會破壞公司的經營秩序。這時，法院似乎對於這樣的員工，採取比較容忍的態度。

反之，如果是共同工作的同事，他們彼此間其實是利害相同，榮辱與共的，本來就應該互相團結、分工合作，讓公司的事業和業務能持續成長。在這種強調團隊合作的組織中，某一位員工如對其他共同工作的同事有重大侮辱之舉，當然會破壞公司的經營秩序，從而影響公司的業務與事業發展，這時法院就會認為：為了維持經營的秩序，公司可以將這種員工予以開除。

嘗試調職而不可得，直接開除員工仍符合最後手段性原則

根據法院在過去判決所建立「解僱的最後手段性原則」，對於犯錯的員工，公司在開除之前，原本應該先採取降職、降薪、記過、調職等其他較輕的懲戒方式；除非嘗試了這一切的手段，而員工仍頑性不改，這時公司才能採取最後的解僱手段。

不過，本案的判決，卻把調職的這個要求進一步地加以解釋，那就是：如果員工因為表現實在太差，聲名狼藉，以至於公司內其他的部門都不願接收，這時公司並不需要想盡辦法先將他調職，再依其表現決定是否將他解職。根據法院的見解，只要公司已經善盡了調職的努力，但因員工過去表現太差，而其他部門都不願接受其轉調，這時公司也不必勉強地將員工調職，而是可以直接把他開除。對於臺灣普遍存在的中小企業來說，通常公司規模不大、僱用的員工人數也不多，因此的確有可能發生轉調員

工不易的問題。所以，法院在本案對於最後手段性有關「調職」所做的解釋，其實還滿合乎情理的。

　　因此，在中小企業內任職的員工可得自我警惕，別在公司各部門都太「顧人怨」了！當然，對於公司來說，為了不想被開除的員工反咬一口，公司可得要小心地保留徵詢各部門後的意見回饋資料，並且也應該注意，避免發生高層跟部門主管之間彼此先串通好的情形。畢竟，如果真的發生這種先行達成默契或共謀的情況，大概法院也不會支持公司跳過調職一途、直接開除員工之舉了。

第3章

員工對內違規，情節重大可開除？

　　勞基法第 12 條第 1 項第 4 款規定：如果員工「違反勞動契約或工作規則，情節重大者」，公司是可以將之解僱的。這個條款所規定的內容，也是屬於懲戒性解僱。從字面來看，公司如果要援引這款規定解僱員工，必須同時符合兩個要件：一、員工已經違反了「勞動契約或工作規則」；二、情節必須重大。

　　所謂的勞動契約，就是一般常講的僱傭契約。至於工作規則，是除了僱傭契約以外，由公司所制訂，並得到員工的同意，而能有效拘束員工的相關工作規定。一般常見的工作規則，例如員工請假規定、公司獎懲規定或員工宿舍管理辦法，都屬之。在實務上，由於公司跟員工在訂定僱傭契約的時候，不可能把彼此間的權利義務規定得厚厚一大本，因此主管機關跟法院都允許雇主另外訂定工作規則，以便有效管理員工的工作。

　　本章主要討論的，就是在何種情況下，員工的違約或違規行為，已經屬於情節重大，而能夠予以解僱。不過，要特別留意的是：如果公司跟員工之間根本就未訂有僱傭契約或工作規則，在邏輯跟法律上，就不可能發生違約或違規的情形了！畢竟，必須先有契約或規則的存在，才有違反的可能。

　　此外，如果員工違約或違規，公司得證明其情節重大，才能夠予以懲戒性解僱。什麼叫情節重大呢？雇主

跟員工的認知可能大不相同。例如：員工上班經常遲到，在一年內遲到了幾十次，但每次都只有五到十分鐘。對於這種屢犯不改的員工，公司就算證明他違反了相關的出勤辦法，但是否能主張這種遲到行為情節重大呢？

還有，一般僱傭契約使用的文字規定，比較簡潔扼要；相較之下，有不少公司的工作規則，厚得像一本電話本，不僅內容多如牛毛，甚至還進一步規定：員工如有違反任何一條工作規則，都算是情節重大。這樣的規定，到底是否合法？相信不少讀者會心存疑問。

對於何種違規算是情節重大，勞資之間常有爭議，甚至也因此鬧上法院。例如有些企業老闆自律甚嚴，治軍嚴謹，特別規定幹部會議不到者，屬於重大違規，可予開除。這樣的規定到底合不合法？能不能得到法院的支持？

再者，注重工作場所安全的化工廠，會規定工廠內嚴禁抽煙，這時如有員工擅自抽煙，是否能夠直接解僱？此外，如果一家公司在工作規則當中，將辦公室戀情視為重大違規事由，這樣的規定會被法院所認可嗎？或者，如果公司在工作規則中，嚴禁員工發生婚外情，違者一律開除，這樣的規定是否合法呢？

針對上面所提的疑問，本章收錄了許多相關案例，並會一一地詳細討論。

3-1 上班屢屢遲到且打卡造假，解僱合法嗎？

Q 如果開設的旅行社僱了這樣的經理，是不是可以依法開除？

- 遲到次數頻繁，其中一年共 54 次、隔年則是 43 次。經私下告誡仍不斷遲到，並費盡心思以手機遠端登入的方式造假打卡，偽造出勤紀錄；

- 在員工例會時，當眾嘲笑韓籍分社長：「所長，你的中文不好，我們聽不懂」、「（南北韓關係緊張時）所長，你要不要滾回去打仗」等語；

- 在臉書上公開侮辱韓籍分社長「沒良心」；

- 在公司內部的網路聊天室平台上對話時，表示韓籍分社長是「獨裁主義的管理」。

( ) A. 這個經理是不是來混的？遲到那麼多次，還特地偽造出勤紀錄，甚至毫無職業倫理，公然嘲諷主管。開除有理！

( ) B. 就算員工遲到，反正頂多依規定扣薪；還有，現代社會哪還有什麼職位尊卑？跟主管開開玩笑無傷大雅，沒有嚴重到可以開除。

( ) C. 應該整體考量這位經理的工作績效、領導能力、操守等

是否良好,而不是僅憑以上幾點,就評斷是否應予開除。

案情摘要及爭議說明

旅行社 v. 女經理

(最高法院 105 年度台上字第 986 號)

　　某韓國數一數二的大旅行社,在臺灣設有分社,並且派有一位韓籍的分社長督導業務。該分社的臺籍女經理在內部的職級僅次於分社長,平常的工作表現也還算稱職。

　　不過,女經理有一個上班遲到的老毛病。一年當中遲到了幾十次,但每次遲到的時間都只有五到十五分鐘左右。經過分社長訓誡,女經理竟耍起小聰明,在網路上購買一個可以遠端登入公司打卡系統的程式;一旦發覺自己上班快遲到了,就趕快透過手機從遠端進入公司打卡系統打卡。此外,由於女經理的年紀和韓籍分社長相當,而且在分社的資歷也比韓籍分社長要深,因此在員工月會的時候,曾以戲謔的方式開過分社長幾次玩笑,並且也曾經在臉書跟公司內部的聊天室平台批評過分社長的領導方式。

　　對於女經理的上述行徑,分社長有一天終於忍無可忍,而決定把她開除。該分社的主張是:

　　一、女經理違反勞動契約及工作規則情節重大,依照勞基法規定終止勞動契約。

　　二、有重大侮辱旅行社韓籍分社長的行為,故依勞基法的規定,終止勞動契約。

法院判決

判決結果：解僱違法！

本案法院並不認同雇主上述的兩項主張，而認定解僱違法，理由是：

一、遲到及打偽卡，就算違反勞動契約或工作規則，並非情節重大

勞工的違規行為是不是嚴重到可以開除，並不是雇主說了算！就算雇主在工作規則中特別明列為重大事項，仍必須綜合衡量下面的因素，判斷在客觀上是否已經讓雇主只有解僱一途：

1. 勞工違規行為的態樣；
2. 勞工是初犯或累犯；
3. 勞工是否故意違規；
4. 勞工的違規行為對雇主造成的危險或損失程度；
5. 勞雇之間關係緊密程度；
6. 勞工任職時間的長短等。

雖然女經理上班發生遲到的次數比較多，但是大部分都只遲到五至十五分鐘左右，而不是很嚴重。公司雖然主張遲到會嚴重影響到公司的秩序，但是又從沒有真正處罰過任何員工，也從沒有使用過扣薪、降職等處罰方式。因此，如果硬要說女經理遲到

的情形屬於情節重大，也很難說得通。

　　另外，公司在開除女經理之前，也從未先採用降職、減薪等其他較輕微的處罰方式，而是直接把她開除！這種方式，已經違反了解僱的最後手段性原則。

　　再者，女經理雖然以遠端方式造假打卡，但只是為了避免分社長的私下告誡叮嚀而已。因此，法院認為，公司對於女經理的偽打卡，可以利用確認 IP 位址的方式查知，並重新明確規範不得利用遠端打卡，而分社主管也可以在公開會議中予以告誡，並以罰薪、降職或調職之方式漸進處理，不應直接開除她。

二、女經理的會議發言及臉書言論，不構成重大侮辱，不能開除

　　女經理說「要不要滾回去打仗」，聽起來雖然有些輕蔑而讓主管感到難堪，但畢竟她在公司內部是僅次於分社長的高階主管，因此，這些言論充其量只能算是同儕間不帶惡意之戲謔；雖然說話的內容跟口氣都不該出現在職場上，但還不至於構成公然侮辱。

　　至於女經理在 FB 上的發言，並沒有指名道姓，頂多是員工對主管不體貼的抱怨，而不應該以此認定她對分社長有何侮辱行為。此外，縱然她在公司內部聊天室對話時，表示分社長是「獨裁主義的管理」，不過，如果細讀其發言之前後詞語，應該可以看出：對於領導者決定一切的做法，她只是表達不滿，而沒有什麼侮辱性。

專家的建議

解僱應該是最後的手段

從這個案件的判決結果來看，臺灣的法院是採取比較維護勞工工作權的立場。雖然臺灣報章媒體過去很少使用「終身僱用制」這個名詞，不過，由於法院認為解僱具有最後手段性，需為雇主終極、無法避免、不得已之手段，而且應該合乎比例原則及必要性原則，因此，對於違反工作規則或僱傭契約的不適任員工，除非雇主已經用盡了告誡、扣薪、降職或調職等一切手段，否則雇主如果直接解僱員工，通常法院會認為不合法。

對於做錯事或違規的員工，就算雇主想採取懲戒性的解僱，但是依照解僱的最後手段性原則，也必須符合下面兩項條件：

一、勞工的違規行為非常嚴重，使得勞雇之間的關係已經受到嚴重干擾，而無法再繼續維持；

二、雇主即使採取其他較輕的懲戒方法，如記過、扣薪、調職等，仍然會無法好好管理公司，這時才可以將員工開除。

雇主採取的處罰，應該符合比例原則

公司為了維持經營秩序，可以對於違規的員工予以處罰。只不過，公司所採取的處罰，並不可以逾越必要的程度。這在法律上叫作懲戒處分的「相當性原則」。

因此，如果員工有發生遲到等任何違規情形，而公司認為員

工需要改善，那就必須對違規的員工事先予以提醒或警告，而不能直接採取不合比例的懲罰，或甚至任意開除員工。

此外，我們從上面的法院判決，也學到了一課：雖然員工屢屢遲到，但如果公司一再放任而不加制止，或甚至從來不要求改善，法院就會認為公司並不是很在意員工遲到，而認定遲到並非「情節重大」的違規行為。

明訂工作規則，經員工閱讀並簽署

一家公司不可能在僱傭契約裡面，詳細明訂對員工違規的所有處罰，而通常會把處罰規定訂在工作規則當中。這些工作規則，除了一定得讓員工有充分時間閱讀並簽名外，所訂的處罰也必須遵守比例原則和相當性原則，視違規情形的輕重，來區分程度不同的處罰方式，例如：記過、降職、減薪、調職……到開除。這就好像學校對於違規學生的處罰，有所謂的警告、小過、大過和退學一樣。所以，對於不小心偶爾犯錯的員工，公司頂多只能給個警告或記個小過，而不是直接就把員工開除。如果公司連犯小錯的員工都直接開除，不僅不合情理，而且也不合法！

3-2 員工偷拿會計、人事資料，公司可否解僱他？

Q 如果公司僱了這些員工，是不是可以依法開除他們？

- 散播公司即將倒閉的消息，教唆其他員工請假，讓公司無法營運；
- 擅闖財務部門，取走會計及人事資料。

( ) A. 不怕神一般的對手，只怕豬一般的隊友！公司有內鬼還吃裡扒外，開除！

( ) B. 為了跟公司抗爭，拿走資料留作證據自保，公司不得開除。

( ) C. 即使為了自保，也必須合法、光明正大，擅自取走公司資料的作法，實在有欠考慮。

案情摘要及爭議說明

視訊系統公司 v. 九名員工

（臺灣新北地方法院 105 年度勞訴字第 144 號）

某家視訊系統公司因為經營不善，結果積欠了多位員工的薪水，以及來往廠商的貨款等。該公司為了調度周轉資金，並減少

薪資的支出，便要員工減班，甚至放無薪假。其後不久，公司又以找到金主為理由，通知員工休假取消，回來上班。

不過，有多位員工覺得公司根本是無預警倒閉，加上不滿公司積欠工資、獎金及依法應發的資遣費，決定採取行動保護自己。因此，趁機到公司的財務部門，取走了包括了勞動契約、薪資所得、出缺勤紀錄等公司的相關人事與財務資料，並影印給公司的其他同仁看。

公司一氣之下，一狀告上法院，主張員工犯了強制、竊盜、業務侵占、背信、恐嚇等刑事罪責；不過，經過檢察官調查，認定員工是為了保全薪資債權，以及防止個人資料遭債權人取得等目的，因此並沒有相關犯罪意圖，而決定不將這些員工起訴。

員工們覺得公司無預警倒閉，所以應該把積欠的工資和資遣費發給他們。不過，公司則主張工資已經陸續補發完畢，並否認有無預警倒閉的情形。公司反過來強調，因為這些員工沒有依照規則請假，又竊取了公司資料，且這些員工也沒有再到公司上班，而使公司業務全面停擺，因此公司依「洩漏營業上秘密」的理由，依法終止勞雇契約，所以不需要給付資遣費。

 法院判決

判決結果：公司敗訴，解僱違法！

根據勞基法的規定，故意洩漏公司的技術或營業秘密，導致公司受損時，公司可以直接開除員工。但在這個案子中，員工是

否有洩漏營業秘密呢？法院的見解如下：

一、員工取走公司資料，有不得已的理由

本案審理的民事法院，基本上是比較同情被欠薪的員工，而認同了檢察官在刑事案件偵察的結論。法官認為，這些員工雖然強行取走了公司內部的人事及財務資料，但其實是情有可原的。畢竟，他們主要是因為公司積欠薪水，而且也積欠了來往廠商不少貨款，因此為了能拿回被積欠的薪水，並且防止其他債權人來取得他們的個資，所以才會不得已而取走公司資料，並影印給公司的其他同仁看。

二、為了勝訴，公司另杜撰文件

另外，公司在訴訟當中還提出了一份公告，強調已經先解僱了違約的員工。不過，法院卻懷疑這張公告的真實性。法院懷疑的理由是：如果這張公告真的本來就存在，那公司為何在兩個星期以後，又以存證信函再要求員工回來上班？顯然，這張公告是公司為了勝訴而杜撰出來的。

 專家的建議

公司如為保護營業秘密，建議於勞動契約載明

在這個案子裡面，檢察官在刑事偵查當中，抱持比較同情員工的立場，而認定員工並沒有任何侵害營業秘密的刑責，甚至也

沒有多費唇舌，再討論員工取走的資料中，到底有沒有包含任何營業秘密。不過，站在公司的立場，為了保護自己任何營業或技術上的機密，應該要在跟員工簽訂僱傭契約的一開始，就以書面要求員工保護公司的營業秘密，並且詳細地定義營業秘密的範圍，以讓員工能有所依循。

此外，對於公司內部的研發人員，或者是經常有機會接觸公司機密的員工，都應該另外簽署一份保密契約，甚至在員工離職前進行面談，以便確保員工能切實遵守相關的合約規定。

員工為了討回欠薪或資遣費，採取任何手段前應先諮詢律師

在這個案子裡，取走公司資料的員工幸運地逃過刑事追訴，主要大概是因為法院覺得員工為了取回欠薪，鋌而走險，乃是情有可原。只不過，法院這種「先有結論，再找理由」的作法，不見得能夠適用在每一個案子上。所以，一般員工如果遇到公司無預警歇業或倒閉情況時，就算是為了要保護自己的權益，也最好先請教過律師，免得反而變成刑事案件的被告。

判斷是否為「營業秘密」，營業秘密法有原則規範

很多公司誤以為：只要把公司的大小文件，都標明為「機密」或「極機密」，並要求員工簽署保密協議，這時一切文件資訊就能夠成為受保護的營業秘密。其實，這是對於法令的錯誤理解。

根據臺灣的「營業秘密法」，一項資訊或技術如果要成為營業秘密，必須符合以下的三大原則：

　　第一，具有秘密性或者是機密性。營業秘密法對於所謂「秘密性」的要求並不高，只要不是眾所皆知的資訊，都算具有秘密性。

　　第二，這個資訊需要有商業價值，才有保護的必要。不過，這裡所謂的商業價值，不一定是現在就立刻能實現的；只要是具有潛在的商業價值，都算符合。

　　第三，需要盡合理的保護措施。就算公司的機密符合前面兩項條件，但如果公司完全對這些資訊不設防，外人可以很輕易地得知，就不能成為營業秘密。只不過，這裡要求的保護措施，並不需要固若金湯，只需要是合理的措施即可，例如：把公司的郵件系統設定密碼，或是將公司的機密文件分層保管，而限定一定層級的主管才有權限閱覽機密資料，都算是合理的保護措施。

3-3 酒醉員工在宿舍毆打同事，可否直接開除？

Q 如果公司員工發生以下情形，可以將他開除嗎？

● 在員工宿舍裡面，因為喝醉酒、跟人發生口角，最後打傷了另外一名同事；

● 雖然出手打傷同事，但對方受傷情況並不嚴重，而且毆打人的員工過去也沒有對同事施暴的紀錄。

( )A. 公司提供免費宿舍讓員工住宿休息，員工竟然在宿舍裡面打架，當然可以直接開除！

( )B. 員工打人並非在上班時間，也不在公司內，況且對方受傷也不嚴重，開除處分過重。

( )C. 就算有打人，公司也應參考他平常的表現，再做決定。

案情摘要及爭議說明

報紙出版社 v. 印刷廠技士

（臺灣高等法院 103 年度勞上更〔一〕字第 5 號）

某公司為了讓員工方便日夜輪班，免費提供宿舍讓員工休息居住。為了有效管理住宿的員工，公司的宿舍管理規則特別規定：

員工不可以飲酒鬧事，否則立即退宿，而且要依公司規定懲處！

　　某員工在該公司宿舍未遵守相關規定，酒後跟其他員工發生口角，還毆打對方，造成對方受傷，公司乃根據工作規則直接將他開除。但是，這名員工認為自己平常工作認真，而且打架的地點是在宿舍，不是在平時上班的工廠裡面，更不是發生在上班時間，所以主張公司直接開除並不合法。

法院判決

判決結果：公司勝訴，解僱合法！

一、員工施暴，危害工作環境安全，公司可直接終止勞動契約

　　根據勞基法的規定，如果公司員工對同事有暴力行為，雇主是可以直接開除他的。根據法條的規定，只要員工對公司的主管或同事「實施暴行」，雇主就可以不經預告，直接終止契約，而不管其暴行是否屬於情節重大。

　　在本案中，法院採信了公司的主張，指出：對他人施以暴行的行為，本來就是法律禁止的，更何況是對於在工作上、甚至在生活上密切接觸的老闆或其他同事。如果讓施暴的員工繼續和其他同事一起工作，大家恐怕會心生畏懼，並處在不安全的工作狀態中，這對工作士氣跟公司經營都會產生不良影響。

二、員工應遵守宿舍管理規定

公司對於宿舍管理本來就訂有工作規則，這主要是要確保員工宿舍的秩序管理及安全維護，也預防任何暴力行為，以提供公司及員工良好的工作及休息環境。這名員工在宿舍內對同事施暴，嚴重破壞了公司對員工宿舍的秩序管理與安全維護，確實會影響事業之發展，所以法院認為，雙方之間的勞雇關係已經受到嚴重干擾，而無法以「記過、扣薪、調職」等一些較輕微的方式予以懲戒。在這種情形下，直接開除施暴的員工，並不違反解僱的最後手段性原則，甚至不須要考慮施暴的情節是否非常嚴重。

在這個案子中，雖然施暴的員工是在宿舍內打人，而且施暴的時間也並非上班時間，但公司既然已經訂有宿舍管理的規定，這個規定就構成了工作規則的一部分，也等於是勞動契約的一部分，所以住宿其中的員工都應該遵守。

 專家的建議

宿舍也是工作範圍的一部分，公司可合理管理，以維持安全及秩序

有些屬於製造業的公司，除了辦公室和廠房之外，為了吸引外地的員工前來就職，或是為了有效率地管理工廠運作及員工輪班，甚至還會提供免費的宿舍，供員工住宿休息之用。在這種情況下，為了能有效地管理住宿的人員、提供安全有秩序的休憩環

境，公司一般都會訂定宿舍管理規定。例如，規定員工申請住宿的資格，或者規定相關的門禁，另外也可能會規定訪客登記制度，及禁止親友留宿等。

這些員工宿舍，其實就是辦公室或廠房的延伸，也屬於工作範圍的一部分，當然可以合法地加以管理。所以，在本案中，法院也認為：如果員工在宿舍中打架滋事，公司當然可以加以適當懲戒，甚至將之開除！因此，員工在宿舍內還是應該切實遵守公司的相關管理規定。

宿舍管理規定屬於工作規則的一部分，如有違規，即屬違反勞動契約

從法律的層面來看，如何界定宿舍管理規定的性質？根據法院的實務見解，既然宿舍是工作場所的延伸，而且公司也可以基於管理上的需要制訂相關規定，那這些規定就屬於工作規則的一部分。由於勞雇間的勞動契約不可能厚厚一本，詳細規定彼此之間的權利義務，因此法院早就認為公司可以將員工的請假規定、獎懲辦法，或到職、離職等等相關規定，制訂在工作規則之中，以切實規範員工。當然，要提醒注意的是，和其他工作規則一樣，公司也應該將宿舍管理規定公告周知，才能有效拘束員工。

勞基法對員工暴力採零容忍態度，法院支持公司直接開除施暴員工

對於員工違規的行為，如果情節較輕，而且員工也能改善，

勞雇關係還能繼續維持下去的話，這時勞基法和法院都會要求公司用較輕的方式處罰違規員工，例如降職、減薪、調職或記過等，而不是直接開除員工。這就是「解僱最後手段性原則」。

不過，如果員工違規的情節重大，或者員工無法改善自己的行為，或就算員工有心改善，但勞雇關係已經很難再繼續維持下去，這時勞基法並不會強迫公司一定要死守著最後手段性原則，而法院也會支持公司的開除決定。例如，員工對公司的老闆或其他同事施暴，或者有情節重大的收賄、拿回扣行為，法院都支持公司採取零容忍的態度，可以直接開除違規員工。

因此，員工切勿把解僱最後手段性原則當作護身符，而應該在言行舉止上盡量遵守公司的相關規定，才是正確之道。

3-4 和同事發生婚外情，是否屬於違規情節重大？

Q 如果餅乾專賣店僱了這樣的餅乾師傅，是否可以依法開除？

- 已婚女餅乾師傅和公司內男同事發生婚外情，甚至在店內起口角、互毆；

- 出軌被發現，工作狀況不好；

- 因為情緒不穩，沒管理好公司的冰庫，導致食材腐壞而損失近百萬。

( ) A. 身為人妻竟還跟同事搞外遇，甚至影響工作表現，當然可以開除！

( ) B. 餅乾師傅又不是公司代言人，就算婚外情也不至於影響公司形象，開除不合法。

( ) C. 婚外情或口角、互毆，男女雙方都有責任，只開除女性是性別歧視，令人無法接受！

案情摘要及爭議說明

餅乾專賣店 v. 餅乾師傅

（臺灣高雄地方法院 105 年度雄勞簡字第 2 號）

　　某位女餅乾烘焙師傅在手工餅乾專賣店工作兩年，但在任職期間，她與男同事發生婚外情，並曾在公司內發生口角、大打出手。在她工作兩年後，某一天公司突然發給她一張「免職令」，上頭寫著開除這位餅乾師傅的理由，大意為：身為人妻卻與男性同事發生不當男女關係，並因口角爭執在店內互相毆打。另外，女餅乾師傅因精神不穩定且怠忽職守，導致冷凍庫房價值約八十萬元之貨品毀損。基於上述兩個理由，公司以餅乾師傅違反工作規則情節重大為由，予以開除！

 法院判決

公司敗訴，解僱違法！

　　如果員工違反勞動契約或工作規則，情節重大，根據勞基法的規定，公司是可以將他開除的。但是，員工是否違規「情節重大」的判斷標準，除了要看不同案件中勞雇契約或工作規則的具體內容以外，勞工的違規也必需造成公司的商譽或製造生產的重大損害，才符合解僱的標準。本案審理的法院，基於下列的理由，認為女餅乾師傅的行為並不構成違規情節重大：

一、餅乾師傅的婚外情，不屬違反工作規則情節重大

　　法院首先指出：本案中，由於雙方並沒有簽訂書面的勞雇契約，這家餅乾店也沒有制訂任何工作規則，因此，不能夠以女餅乾師傅發生婚外情，就直接說她違規情節重大。

　　此外，這位女餅乾烘焙師傅平常的工作，就只是負責製作餅乾店內的產品，而並非店家商譽形象的看板人物；就算她有發生婚外情這種私德不佳的事情，也不至於影響到她實際負責的工作內容，或者會因此讓餅乾店內的生產效率受損或降低。因此，餅乾店主張女師傅發生婚外情屬於違規情節重大，在法律上並沒有根據！

二、所謂餅乾師傅怠忽職守，是「莫須有」的指控

　　法院經調查審理後發現：餅乾店是在女師傅離職後的一個月，才發現冷凍庫貨品有毀損！這既然不是在她任職期間發生，而且也不知道真正有過失的人是誰，因此不能直接怪罪給這位女餅乾師傅。

　　另外，法院還指出：在官司進行中，雖然餅乾店主張女餅乾師傅因情緒不穩定、怠忽職守，導致冷凍庫房價值約八十萬元之貨品毀損；但是，在餅乾店開除女師傅的免職令裡面，根本就從沒提到公司貨品毀損的事情！因此，法院認為：餅乾店對女師傅的這項指控其實相當可疑，應該是事後自己杜撰出來的。

　　法院也進一步指出：既然這家餅乾店已經覺得女師傅的表現很差，而店裡面也還有老闆以及店長等人顧店，如果真的擔心冷凍庫除霜功能壞掉而造成食材腐壞，就更應該親自或積極安排其他人看顧店內的設備物品，而不應該在找不出到底是誰犯錯的情況之下，就把冷凍庫食材的損害，都怪罪到女師傅頭上。

專家的建議

公司不分大或小，勞雇契約不可少

　　大部分的人做生意，在一開始時通常是先找親戚朋友幫忙；而且，由於生意規模小，但要處理的事情很多，以致無法樣樣兼顧，很容易忘了跟夥伴及員工簽訂書面的勞雇契約。上述情形，在臺灣的小商家其實還滿常見的。

　　不過，沒有簽定書面的勞雇契約，其實會有不少後遺症。除了在勞資發生爭議時，可能會對勞動條件各說各話；另外，因為沒有勞雇契約，一般商家就更不可能還特別準備任何的書面工作規則，而導致無規可循、無規可罰的情況。

　　本案所發生的狀況，就是一例！因此，不管公司規模大小，都建議除了要訂定書面的僱傭契約以外，也要制訂相關的工作規則，才能在員工犯錯或違規的時候，依據規定給予適當的處罰。如果公司不懂得如何制訂工作規則，可以上勞動部的網站下載範本，略加修改成適用的版本。

開除的理由應詳載於書面，法院不會採信事後補登

　　本書的其他判決也提到過：在開除員工時，如果公司沒有以書面詳細記載開除員工的所有理由，而是在事後勞資爭議調解或訴訟時，才提出或補載理由，這時法院通常會抱持懷疑的態度，認為公司是為了要開除員工，而事後編出一堆原本根本不存在的理由。因此，建議公司最好寧願多花一點功夫，一條一條地列明

員工違規的事證，或者公司解僱員工的理由，才不至於在上法院時，吃了悶虧。

為使設備維護責任歸屬分明，應以表單讓員工巡查確認

在本案中，餅乾店曾經主張女師傅沒有好好巡查公司的冷藏設備，而導致公司幾十萬的食材報銷。不過，法院卻認為公司是在女員工離職後一個多月才發現，因此責任歸屬不明，而不認為該員工需要負擔這個責任。從這個案例，我們也必須切記：如果公司對於員工的工作內容分派有很明確的指示，或者員工擔負了維護機器設備的任務，這時最好學習坊間很多速食店的作法，製作一張檢查表貼在機器上，讓員工定時或不定時巡查，並簽名確認。如此一來，如果真的有發生機器設備故障或沒人巡查的情況，就比較容易追究怠職員工的責任。

3-5
經理性騷擾女同事，公司可以開除他嗎？

Q **如果大賣場僱了這樣的經理，是不是可以依法開除？**

- 趁值班女同事身體不舒服，表示要送她去醫院，卻在醫院廁所對女同事上下其手；

- 被騷擾的女同事因心裡害怕，而無法正常工作，也找其他同事抱怨哭訴；

- 公司內女員工人心惶惶，工作氣氛詭異。

( )A. 經理假借職權，趁機性騷擾身體不適的同仁，公司絕對零容忍，當然可以直接開除！

( )B. 性騷擾要有證據，何況應該給員工教育及犯錯改進的機會，不應直接開除。

( )C. 趁人之危，做出這種事，簡直是寡廉鮮恥！職場性騷擾一定要透過制度來杜絕。

案情摘要及爭議說明

大賣場 v. 設備維修經理

（臺灣高等法院臺中分院 105 年度勞上字第 47 號）

　　某位大賣場經理平常負責公司機具、設備養護維修的工作。該經理某天凌晨值班時，因為女同事身體不舒服，開車送她去醫院掛急診，急診室醫生表示要等到隔天才能做超音波檢查，這名經理就主動表示要留在醫院照顧女同事。不料，在等候其他檢查報告期間，經理趁著女同事上廁所，尾隨進入，並以幫忙擦拭身體為由，在廁所性騷擾這名女同事，對她強脫衣褲，甚至上下其手。

　　事發後，女員工因為驚恐過度，並沒有馬上對這名經理提告或向公司申訴，只是先跟其他同事抱怨。而且，由於太害怕，上班時間發現這名經理經過時，便會特別避開，心理壓力很大。隔了幾天之後，受害女員工向公司主管反應這件事；公司內部的調查小組分別找這名員工及經理約談後，女員工才正式向性騷擾事件調查委員會提出書面申訴。公司完成調查後，認為性騷擾事件成立，就以這名經理性騷擾員工，違反工作規則情節重大，而把他開除。

　　這名經理很不服氣，認為自己只是單純幫身體不舒服的女同事擦拭身體，沒有對她性騷擾，公司卻片面採取女員工的指控，就認定成立性騷擾，沒有依照相關規定詳附理由、書面通知當事人及縣市主管機關，也沒有提供他依法申復、保障自己權利的機會。經理並認為：就算真的構成性騷擾，但性騷擾發生在醫院，跟他在賣場的工作內容無關，並且是在上班時間以外，所以不構成所謂的「職場」性騷擾。

　　此外，經理並表示：公司工作規則中「對員工有性騷擾的行

為，一律馬上開除」的規定，並沒有區分初犯或累犯，是故意還是不小心的，所以違反了比例原則，因此開除違法。

法院判決

判決結果：公司勝訴，解僱合法！

根據勞基法的規定，員工違反勞動契約或工作規則，如果情節重大，公司是可以直接把他掃地出門的。審理本案的法院認為，本案的性騷擾事件，確實是屬於違規情節重大，因此公司開除經理有理，理由如下：

一、女同事的指控可信，經理行為構成性騷擾

法院認為，在事件發生後，女員工雖然可能因為顧慮隱私之故，沒有在第一時間告知公司或主管，而選擇先告訴其他同事，但這些都是一般性騷擾被害者常有的內心糾結反應，並沒有違反常情。更何況，女員工也沒有陷害這名經理的動機，因此，她所提供的證詞是可以採信的。

此外，事發當時，這名經理不顧女員工的意願，觸摸到她的身體隱私性部位，造成她心生恐懼，覺得自己被冒犯，心理上受到很大的傷害，因此確實屬於性騷擾的行為。雖然這件事發生在醫院，但畢竟女員工是因為在工作時間發生不適，而讓值夜班的經理陪同她到醫院，所以性騷擾並不是單純下班後發生的，而能適用性騷擾防治法對於工作場所性騷擾的規定。

二、工作規則的處罰規定相當明確，公司依規定合理調查

　　法院特別指出，這家公司為連鎖大型賣場，屬於零售服務業，接觸許多往來顧客，為了維護公司形象及企業秩序，並保障顧客安全，確實得要求員工行為嚴謹端正，而更需要嚴格防止職場性騷擾發生。

　　在這家賣場訂定的工作規則中，訂有「性騷擾防制措施及懲戒辦法」，並且也規定「對公司其他員工有性騷擾、猥褻或其他妨害風化之行為」時，可以直接將這種員工開除，而相關規定也都載明在員工手冊當中，且在明顯的處所張貼了相關公告，並已向主管機關報備，所以當然合法有效！更何況，這名經理當初和賣場所簽定的僱傭契約中，就明確寫著「已審慎閱讀公司之工作規則，遵守現行及隨時修改及未來增訂之規章」。因此，員工本來就應該遵守工作規則，而不能說自己不知道或沒看到。

　　依照性別工作平等法的規定，當雇主收到性騷擾事件的申訴時，應成立相關委員會進行調查；一旦確認構成性騷擾，更應該採取立即有效的糾正及補救措施。因此，該賣場決定開除這名經理，也屬於合法的處置。在本案中，這家大賣場的確成立了性騷擾申訴委員會，並且調查過程中已經請這名經理陳述意見，而充分考量了他的言詞及相關事證；甚至，還特別發函到醫院請求提供錄影資料，雖然最後醫院婉言拒絕，但公司的調查程序確實符合正當程序。對於公司直接開除這名經理，而沒有提供其他降職、降薪、調職的較輕處分，法院也認為合理，主要是因為公司五位

調查委員在經過調查後，一致認為：就算將這名經理降職，仍不足以使他改過自新，而只有開除一途！因此，即便公司沒有以書面提供這名經理申復的機會，但法院仍然認定公司的懲處合法。

專家的建議

職場性騷擾是敏感問題，一旦接獲申訴，公司需依法採取相關作為

所謂的職場性騷擾，不僅可能發生於男性與女性之間，也可能發生在同性之間，此外也不僅限於主管性騷擾部屬，部屬對主管也可能會有性騷擾的舉動。不論如何，一旦公司接獲性騷擾的申訴，就必須依照性別工作平等法及性騷擾防治法的相關規定，成立有關的委員會，進行調查，並約談相關的當事人，且做成合法的處置。一旦公司沒有踐行這些步驟，就會被認定違法；除了可能被主管機關裁罰以外，公司對於性騷擾相關當事人所做成的處置，也可能會被認定為違法。這是公司在面對性騷擾議題時，需要特別留意的。

性騷擾屬重大違規事由，直接開除仍符合最後手段性原則

根據解僱的最後手段性原則，為了保障員工的工作權，對於違規的員工，法院一般都會要求公司先嘗試用降職、減薪、調職這些較輕的處罰手段；除非實施了這些手段仍無法讓員工改正，或者違規情節真的非常重大，否則法院都不允許公司直接開除員

工。

　　不過，對於性騷擾這個議題，從本案判決中，可以看出法院是採取零容忍的態度。尤其，如果這是上司對於下屬，甚至是假借職權或趁人之危，或者公司是屬於對外營業的服務業，比較會直接接觸消費者的，即便性騷擾的員工屬於初犯，一旦經公司相關委員會認定屬於情節重大，無法以其他方式命其改正時，法院都會支持公司直接予以開除的決定。因此，公司在面對這樣的議題時，只要踐行前述的法律要求程序，就算採取零容忍的立場，也能獲得法院的支持。

3-6 化學工廠員工抽菸並恐嚇主管，是否違規情節重大？

Q 如果化學工廠有這樣的員工，是否可以合法將他開除？

● 在工廠內抽菸、嚼檳榔、偷懶睡覺；

● 犯錯被抓到後，找民意代表來公司關說；

● 自己違規被檢舉，卻恐嚇主管：「如果沒證據，恁出去安哪死A攏不知！」。

（　）A. 這樣的工作態度也太惡劣了，當然是重大違規，公司可以合法開除！

（　）B. 人非聖賢，公司應該再多給他改善的機會，不能直接開除。

（　）C. 既然關係那麼好，何不請民代安排個可以抽菸、吃檳榔、打瞌睡的工作？

案情摘要及爭議說明

化學纖維公司 v. 製程操作員

（最高法院 104 年度台上字第 2010 號、高等法院臺南分院 103 勞上字第 5 號）

本案的員工在化學工廠擔任製程操作員，他常常在工廠廠區

抽菸、嚼檳榔、值勤時睡覺，過去就有抽菸被抓到的紀錄。在犯錯被抓到後，他甚至還會找民意代表來工廠關說，導致主管也管不動他，而他過去三年的考績依序為乙等、甲等、丙等。

　　某天，這名員工又被其他同事檢舉在廠區走道上抽菸。結果被課長約談之後，他竟然心生不滿，中午時間跑到廠務室，在眾多同事面前對課長叫囂：「如果沒證據，害我沒頭路，恁出去安哪死 A 攏不知（臺語）！」

　　公司認為這名員工已經威脅到課長的人身安全，於是以違反工作規則情節重大為由，將這名員工開除。

法院判決

　　判決結果：公司勝訴，解僱合法！

一、工作規則依法申報公告，員工即有遵守的義務

　　首先，這家公司有依法向地方政府申報訂立工作規則，其中明訂「解僱：有下列違規情節重大，致公司有嚴重損害情事之一應予解僱，並應於十日內辦妥移交及離職手續。……九，威脅主管、同仁情節嚴重者。」

　　公司並把這份工作規則張貼在廠區公告欄，位於員工上下班必經過的地方，讓員工有機會可以閱讀內容。員工如果沒有對內容表示反對的意見，就等於默認這一份工作規則的內容，因此有拘束力。

二、犯錯不斷且威脅主管，影響公司管理，屬違規情節重大

　　法院指出，這名員工過去就小錯不斷，還曾經被要求簽下切結書，保證嗣後不再犯相同的錯。但後來是在犯錯後屢次找民意代表來向公司關說，搞得工廠內各級主管都無力管理，而且也對其考評極差。上述這些情況，公司都提出相關的切結書、員工個人紀錄，作為證據。

　　這位員工惡性難改，這次只因為違規被調查，就用言詞恐嚇威脅主管，法院認為根本罔顧職場倫理，態度惡劣，且恐嚇內容已經涉及人身安全，客觀上讓主管沒有辦法信任這位員工。

　　由於這名員工的種種行為，已經重大影響公司的領導統御以及企業秩序，無法期待公司繼續勞雇關係，因此屬於違規情節重大，公司解僱合法。

三、法律並未規定懲戒特定程序

　　這名員工上訴到最高法院，認為：公司在將他解僱前，並沒有提供他陳述意見的機會，因此主張公司解僱的程序有重大瑕疵。

　　不過，對於這位員工的主張，法院並沒有接受。最高法院指出：針對懲戒處分，包括解僱在內，除非公司的勞雇契約或工作規則有特別規定，否則法律上並沒有明文規定具體的實施程序，只要求懲戒需具備「正當性」以及符合「比例原則」。

　　在本案中，這家公司工作規則的內容具備合理性及必要性，

雖然沒有規定具體詳細的程序，但公司也是先行約談過其他員工、充分進行調查後，才決定解僱這名員工，所以這樣的懲戒處分是合法的。

 ## 專家的建議

違規情節重大，可以直接開除，不需給予改善機會

本書中一再地強調，根據勞基法及法院的見解，原則上，開除員工是公司最後不得已的手段；因此，在對員工開鍘之前，法院都會要求公司先採取降職、降薪、調職、記過等較輕的處罰方式。只有在這些處罰方式都用盡了以後，如果員工還是無法改善自己的缺失，或者加強表現，那麼公司才可以採取終極的解僱手段。

不過，在某些情形下，員工的違規情節重大時，法院若認為公司和員工間的勞雇關係已經因此無法繼續維持下去，這時就會認為：公司直接開除員工的行為，不僅符合比例原則，也符合最後手段性的標準。例如，一般員工在辦公室或會議室的抽菸行為，頂多會被認為是輕微的違規行為；但如果是在充滿了易燃物的化學工廠裡抽菸，而公司的工作規則也訂明是重大違規時，法院應該就會支持公司開除員工。

如果仔細分析，應該也會發覺本案的情形屬於上述的例外狀況。在本案中，這名員工除了屢屢犯錯、考績很差以外，還經常找地方的民意代表來關說施壓，造成公司對他的管理不易，已經

對公司領導統御其他員工產生不良影響。這時，員工如果更進一步威脅到公司主管或同仁的人身安全，法院就會認為公司沒有必要再採取其他比較輕的處罰手段，而可以把這種惡劣的員工直接解僱。

明訂違規事項及處罰方式，且符合比例原則

一家公司光是訂有工作規則，其實還是不夠的。最好的方式，是把可能的違規事項一一具體地訂明在工作規則當中，並且依照比例原則和相當原則，根據員工犯錯的輕重，給予相對應的合理處罰。例如，有些公司在工作規則中，明確禁止員工收賄或是接受來往廠商的禮物餽贈、邀宴；不論邀宴的場合或花費，也不管收受的金額大小與禮物貴重與否，都認定為重大違規，而一律以開除論。這種嚴刑重罰的作法，看似規定明確，但其實可能違反了比例原則和相當原則。

比較合適的作法，可以參考美國一些州政府或大公司的規定，對於來往廠商的飲宴餽贈等，訂定一個比較合乎社會一般交往禮節的金額上限（例如，不超過新臺幣五百元）；而對於超過這個金額的邀宴餽贈，再依違規的金額大小，依比例加以處罰或開除。這種作法，比較兼顧商業或社會風俗中的禮尚往來，也能夠保障員工的廉潔。

處罰員工前，給予合理的申訴及說明機會，以符合程序公平

在這個案件中，最高法院認為：公司只要有明訂工作規則，

而且工作規則中對於處罰的規定也符合正當性跟比例原則，就算
沒有提供機會讓員工表達意見或提出反駁，也還是合法的。不
過，筆者倒是認為，最好還是應該在懲罰機制裡，仿效許多國內
外大公司的作法，比照訴訟程序的方式，提供員工陳述意見跟申
訴的機會，並做成書面紀錄。這樣一來，更符合程序的公平，也
可以減少員工未來反告公司解僱違法的機率。

　　上述這種提供被懲戒員工表達意見的作法，有些公司是在人
事評議會的運作規則中訂明，有些則是在工作規則或是紀律委員
會的組織章程內訂明。不論採取哪一種作法，都應該比沒做來得
公平些。因此，都值得中小企業參考使用。

3-7 幹部會議未到場惹惱董事長，可否當場開除？

Q 如果公司有這樣的總經理，能不能直接把他開除？

- 身為高階主管，底下有萬名員工，卻為了家中私事請假出國；
- 請假竟然填錯請假單，以致無法出席重要幹部會議；
- 董事長已經特地打電話要他回來開會，他卻以人已登機而拒絕。

（　）A. 商場分秒必爭，維持紀律才是首要任務，這樣的高階主管當然可以馬上開除！

（　）B. 只不過缺席一次會議，而且是為了家庭，此乃人之常情，不該開除。

（　）C. 就算是董事長也不可以隨自己高興，不依規定開除員工吧？

案情摘要及爭議說明

某電子公司董事長 v. 開會缺席的總經理

（臺灣高等法院 103 年度重勞上字第 33 號民事判決）

　　某世界知名電子龍頭製造商的總經理，為了協助女兒到國外就學報到及尋找住處，特別提前向公司請假三天。不料，因秘書填錯假單、誤植請假日期，結果只請了後兩天的假，而漏掉了第一天的假未申請。於是，這位總經理便口頭向董事長補請第一天的假。當時兩人還一起搭飛機從大陸回臺，因此總經理以為董事長已經同意補請假一事。

　　其實，總經理請假的第一天，正是公司重要幹部會議召開的日期。因此，當天總經理準備從桃園搭機出國時，公司的其他重要幹部早就端坐在總部的辦公室裡等著開會。董事長進到會議室，沒看到這位總經理，於是當著其他員工的面，直接在會議室撥打電話、開擴音，質問這位總經理人在哪裡。當時總經理人在飛機上，而且機艙已經關閉準備起飛，只好跟董事長道歉並解釋。

　　董事長當下勃然大怒，訓斥這位總經理，並告訴他「有兩條路可走」：第一條路是馬上下飛機回公司，明天再陪家人出國，公司會負擔他一切的費用；另外一條路則是，如果不立刻下飛機，就再也不用回來公司了！即便總經理不斷道歉求情，表示自己已經來不及下飛機，而且其他幹部也聽到飛機艙門關閉的廣播擴音，但董事長還是氣憤難平，在掛斷電話後，當眾宣布把總經理開除，而且還要把總經理所領導的部門解散掉。

　　總經理最後真的沒能回到公司上班。他主張公司違法解僱，並要求公司應給付資遣費。

法院判決

判決結果：開除違法！

一、總經理與公司之間屬於僱傭關係

本案一開始審理，公司先主張總經理並不是受僱人，和公司之間其實是「委任」的關係，因此不應該適用勞基法。不過，法院並不接受這樣的主張。

法院指出：判斷公司的高級主管到底是單純受僱，還是受委任的經理人，主要的重點，是要看這位主管在人格上、經濟上及組織上是否「從屬於」公司？例如，如果主管的權限不高，上下班得打卡，或請假得要上級批准，那就算部分的職務具有獨立性，實質上還是「從屬於」公司（換句話說，直接受公司的指揮監督），這時就是屬於勞基法所稱的受僱人。

基於上述的從屬性原則，法院認為：這名總經理雖然有簽約及採購的若干權限，但是額度上限並不高。而相關人事調動權限，也還是需要公司的董事長、集團總裁及中央人資處做出最後核定。此外，雖然這名總經理上、下班不需要打卡，但他如果要請假，還是得向公司的人資單位提出差假申請，並經過董事長批示核可後才算准假。由此來看，這位總經理在相當程度上需要服從公司的指示，並配合組織運作。因此，顯然這名總經理仍「從屬於」公司，而屬於勞基法所規定的受僱人。

二、勞基法對解僱採法定事由制，雇主不得任意開除員工

　　法院也指出：對於勞雇契約，我國勞基法採「法定事由制」，也就是員工一定要符合勞基法第 11 條或第 12 條所列出來的特定情形，雇主才能夠開除員工。如果雇主在不符合規定的情況下，任意開除員工，就會違反勞基法，並且開除也是無效的。

　　本案中，總經理原本打算請假三天，而且也已經依規定請了兩天假；就算第一天假是因為秘書疏失而沒請到，但也不是無故曠職。此外，雖然總經理在重要幹部會議時缺席，但這並不算是怠忽職務，也沒有對於公司造成任何具體的損害，更不能說缺席就是違規情節重大。既然公司在勞基法上找不到任何可以解僱總經理的法定理由，當然不能直接開除他。因此，解僱違法！

 專家的建議

老闆再大也沒有勞基法大，解僱需符合法定事由

　　企業經營天天面對各種內外的挑戰與競爭，因此在管理上當然會講究紀律，這是無可厚非的。不過，有時一些家族經營的大企業，往往會把員工當作自己的家臣，希望員工言聽計從、賣命效力；萬一員工稍有不從，即便是高階經理人，老闆也往往會「揮淚斬馬謖」，故意重懲違規或不聽話的高階主管，以維持自己在員工心目中的權威形象。

　　不過，這種管理方式，卻不見得符合勞基法的規定。尤其，

　　如果高階主管跟公司之間並非委任關係時，這些受僱的高階主管就會受到勞基法的保障。因此，老闆絕不能因為自己的一時情緒衝動，就以為有權可以開除任何自己不滿意的下屬。

　　因此，公司不論規模大小都要切記：我國的勞基法比較保護勞工的工作權，所以解僱必須得要符合法定的原因，否則就是無效的，甚至員工還可能因為沒辦法上班，反過來要求公司給付薪資損失！

員工犯錯違規，除非採取較輕的懲罰方式而仍無效，才能解僱

　　在本案當中，就算總經理真的自己忘了請假，或者忘了出席重要幹部會議，頂多也只是違反工作規則。這時，公司如果要處罰他，也應該依照工作規則給予警告或記過等適當的處分，無論如何都「罪不至死」。

　　有些成功的企業家，一路靠著辛苦奮鬥、任勞任怨，打下一片企業江山，因此治理嚴謹，甚至傾向嚴刑重賞。不過，對於主管甚至員工的管理，如果採取的是重賞，員工當然是皆大歡喜；但是，對於員工的犯錯或違規，如果採取的是重罰或直接開除的方式，而不是循序漸進地先採取記過、調職、降職或降薪等較輕的方式，除了會違反勞基法的比例原則和相當原則，也會違反最後手段性原則，而使得解僱違法無效。這是現代企業的老闆所必須切記的。

3-8 員工溢領勞保給付，可否解僱他？

Q 如果公司僱了這樣的業務助理，是不是可以依法開除他？

- 在公司門口車禍受傷，申請勞保給付，卻溢領金額；
- 公司已經體恤地給了八天公傷假，員工卻不知滿足，宣稱公司少給他應有的公傷假；
- 因傷請特休假期間，公司仍有付薪水，他卻在申請勞保給付時，說自己未領薪資。

(　)A. 員工謊報詐領勞保給付，表示為人沒誠信，公司已經沒辦法再僱用！

(　)B. 員工生平第一次申請勞保給付，難免不熟悉程序而發生誤填，公司不得以此為由開除。

(　)C. 他溢領的是勞保給付，又不是公司的薪資，關公司什麼事？

案情摘要及爭議說明

科技公司 v. 業務助理

（臺灣高等法院 98 年度勞上易字第 2 號）

　　某公司的業務助理在辦公室大樓門口被摩托車撞傷，經醫生診斷宜休養三個月。不過，公司認為他並不需要出外勤，只需坐在辦公室裡工作，所以只准了他八天公傷假。而這名員工為了能夠充分休息及復元，只好申請使用自己歷年所累積的特休假三十多天。

　　不料，公司發現他在申請勞保傷病給付時，在申請書上填寫請假期間「未領薪資」，但實際上，公司在他請假期間，確實有給付薪資。公司認為他違反工作規則，且涉嫌詐領勞保給付而有詐欺或偽造文書的嫌疑，因此決定將他記過，並要求他在一天內主動退還溢領金額給勞保局。由於該名員工沒在當天依公司要求退還溢領金額，公司乃主張員工行為屬於違規情節重大，而改為直接開除他。

　　不過，員工則主張，依照醫生的診斷跟建議，以他傷勢如此之重，本來就應該在家修養三個月，而公司卻只准他八天公傷假，這麼短的時間不僅遠遠不足以養病，也害得他只好另外再把歷年累積的三十多天特休假拿來請假。因此，他主觀上覺得自己在休特休假時，是沒有領到應得的薪水的。所以，他才會在有生以來第一次申請勞保給付時，填寫相關的內容，而造成溢領勞保給付的情形。

法院判決

判決結果：公司敗訴，解僱違法！

　　根據勞基法的規定，如果員工違規情節重大，公司是可以直接把員工開除的。不過，對於本案中員工涉及的溢領勞保給付，法院並不認為涉及犯罪，也不認為是違規情節重大。因此，開除違法，理由如下：

一、員工是否犯罪，需要客觀判定

　　本案中的公司非常具有正義感，一再強調員工溢領給付的行為，已經涉及偽造文書跟詐欺。不過，公司主管卻忘了一件事：公司畢竟不是檢察機關，就算員工真的有違法的行為，也要經過檢察機關的詳細調查，才能判斷是不是有足夠的證據證明涉嫌犯罪，然後才會決定是否要起訴。再說，就算檢察官起訴了，最後法院在審理時，也不見得會認定被告有罪。因此，公司主管不能以自己的主觀認定，就一口咬定員工已經犯罪，甚至要員工承擔刑法罪名，並要求員工依照公司的指示，在一天內退還溢領的金額，否則就認為他毫無悔意，而將他開除，這樣對員工有失公平。

　　此外，這位員工溢領的是勞保給付，也不是公司的薪水。因此，就算員工真的涉及詐領，那也是他跟勞保局之間的事情，與公司沒什麼太大關聯。更何況，究竟是「溢領」或「詐領」，也涉及員工是否存有詐欺的犯意，而這名員工一來是因為不熟悉規定，二來公司只准他八天公傷假，而非醫生建議的三個月，才會主觀認為公司付給他的薪水，根本就是拿自己的特休假換來的，因此才會寫自己「未領到薪資」。在這種情況下，員工是否有涉及犯罪，本來就應該要由專業的檢察官或法院來判斷。公司如果

真的要以此為理由開除員工，也應該等到勞保局這個主管機關將員工移送到檢調單位，甚至由檢調單位起訴以後，再做定奪，才算合理。

二、視狀況而定，初次犯錯，情有可原

　　法院在判決中指出，這位員工在公司核准的八天公傷假結束後，還得用自己歷年所累積的特休假三十六天在家休養，由此也可以知道，公司所核准的八日公傷假，遠遠不足以讓員工獲得充分的休養及復元。

　　法院還特別強調：一般員工與雇主之間的地位本來就不平等，所以雇主也才能夠對員工加以懲戒或解僱。因此，如果還要求員工針對公傷假不足的部分，循所謂的公司正常管道救濟，其實也太為難員工了。畢竟，一般的員工就算對公司所核准的公傷假過短而心有不滿，也會擔心自己被公司列入黑名單，未來考績變差或飯碗不保，因此大都不敢違抗公司所做的公傷假決定，所以才會把累積的特休假天數拿來作為修養之用。

三、處罰員工，不能違反公司自己明訂的工作規則

　　此外，這家公司本來就訂有工作規則，而在該規則第三十六條規定：「公司員工之懲罰，區分為下列三種：申誡、記過、記大過。……二、有下列情事之一經查證確實或有具體事證者，得予記過：……投機取巧、隱瞞蒙蔽、虛報事實，致公司蒙受損失者。」由此可見，這家公司的確已經依照犯錯情形的輕重程度，

而在工作規則中訂明了處罰方式。

　　根據上述的工作規則，就算這位員工真的有涉及謊報及溢領勞保給付，也頂多屬於投機取巧、隱瞞欺騙或虛報事實，按規定最嚴重頂多是記大過。更何況，公司如果真的要依這一條規定懲處犯錯的員工，還得是員工的行為造成公司蒙受損失才行！而在本案，員工就算真的謊報溢領勞保給付，受害的也只是勞保局和國庫而已，根本就與公司無關。

　　或許也因為如此，一開始公司只是要這位員工自行決定離職或接受懲戒，顯然公司知道：依照內部的工作規則，公司最重也只能記過。沒想到，公司主管突然決定要這位員工當天退還溢領的勞保給付給勞保局，甚至要他去自首並繳交更正申請書。雖然員工沒有照辦，但公司也未讓他有向勞保局澄清的機會，或是給勞保局合理的時間查明事實，就在短短一天之內來個大轉彎，把原本的記過改成了直接開除。這樣的行為，已經違反了解僱的最後手段性原則。

　　法院還指出，員工這種溢領勞保給付的行為，就算違反了工作規則，也不屬於情節重大。畢竟，這位員工過去從來沒有申請過任何勞保傷病給付，所以才會靠著自己的主觀認定來填寫申請書；因此，就算有所疏失，也不能硬說他是要故意詐領傷病給付。畢竟，員工即使有錯，也不算情節重大，公司直接把他開除，不僅違反自己原來明訂的工作規則，也違反了解僱最後手段性原則。

專家的建議

懲戒應遵循正當程序，提供意見表達和申訴機會

　　對於員工誤報跟溢領勞保傷病給付，就算公司已經認定員工
有錯，那麼不管犯錯大小，都應該讓員工有說明和申辯的機會；
甚至，在決定了處罰內容後，也應該讓員工有管道進行申訴。這
就是法律上常講的正當程序。

　　許多大公司都會提供受懲戒員工申辯跟申訴的機會，並為了
讓懲戒盡量保持客觀，避免跟員工發生爭執或訴訟，因此設有獨
立的人事評議委員會或懲戒委員會，而且還會讓公司其他部門的
員工或主管參與懲戒的會議，或者聘請外部的學者、專家及律師
擔任外部委員。

　　在本案中，雖然法院沒有針對正當程序有太多著墨，但該公
司並未設立比較獨立客觀的人評會或懲戒委員會來進行充分討
論，而單憑公司主管自己對於法規的一知半解，就認定員工違
法，甚至要求員工自首跟退回溢領費用。這樣的情形，其實就違
反了正當程序，也容易被法院認定為違法。

與犯罪有關的重大違規，等待司法機關認定

　　在本案中，有關員工申報錯誤跟溢領健保費的爭議，其實需
要很多的調查跟釐清。如果不是檢調機關或法院的專業法律人
員，除了無法進行專業的分析跟判斷以外，也會因欠缺調查證據
的職權，而無法蒐集調查及分析證據。由此可見，判斷犯罪與否，

必須仰賴專業的司法機關；一般公司的人員，既然沒有受過法律訓練或調查權責，其實很難釐清員工到底有沒有犯罪。也因此，雇主必須留意：如果在工作規則之中，把犯罪行為訂為重大違規事由，建議等到司法機關做出犯罪與否的判斷後，再決定是否有充足理由解僱員工，較為妥適。否則，就可能構成違法開除。

罰則較輕的違規，初犯且非情節重大，不得任意加重處罰或開除

如果公司在工作規則中，已經很仔細地根據員工犯錯的輕重程度，明訂相對應的處罰方式，就不能在員工犯錯後施以不合規定及不合比例的處罰。例如員工是第一次初犯，結果主管憑著自己個人的好惡，或者僅因為認為員工犯錯後沒有悔改之意，就直接把他開除，都會違反比例原則跟解僱最後手段性原則。

第4章

員工對外行為影響公司形象，開除是否有理？

　　一般公司的工作規則內容，大致可以細分為兩類：第一類是單純的規範公司內部事務，例如要求員工上班不能遲到早退，或者申請事假病假的相關辦法。這類的規定，主要是為了維持公司管理上的便利，有助於主管領導統御，以增加公司的管理效率跟生產力。另一類的工作規則，則並不只是單純地規範公司的內部管理，甚至還會涉及影響到公司對外形象的部分。這一類的規定，常見於提供消費性產品或消費性服務的公司工作規則當中。

　　本章雖然是延續第三章的討論，針對勞基法第 12 條第 1 項第 4 款的員工「違規情節重大」情形加以分析，但不同的是，在本章所收錄分析的判決中，員工的違規行為，除了情節重大之外，還造成公司對外的形象受損，因此公司才將之開除。舉例來說，某些航空公司或飯店、旅遊業者，會在其工作規則中特別明訂，員工如有對外毀損公司形象，或在社交媒體或網路上批評公司，是屬於踩到紅線之舉，違規情節重大，公司絕不寬待，一律直接予以開除。另外，也有一些媒體曝光度較高的公司，規定如果員工擅自對外發言，或不當行為被媒體報導，都屬於影響公司聲譽的重大違規事由，會直接予以解僱。

　　這些即將要討論的案例，包括了：網紅機師在網路上貼文，批評公司所使用的客機設施不當，以及社會新聞中常見的公司客服人員服務態度不佳，遭人投訴媒體，還有菸酒公司的訪查員假借理由，騷擾心儀的超商女員工等。在上面這些違規案例中，員工的行為不僅違反了公司的工作規則或僱傭契約，而且還影響到一般大眾對於公司的觀感，並可能造成公司在消費者心中的評價降低，導致公司的產品或服務因此乏人問津。對於這些違規的員工，如果公司直接按規定予以開除，能獲得法院的支持嗎？此外，公司除了在事後懲戒開除損害公司形象的員工外，有沒有其他更積極的作法，可以防止員工的這類不當言行呢？這是本章即將討論及分析的重點。

4-1　網紅在網路貼文及接受電視訪問批評公司，可否開除？

Q **如果公司僱了這樣的機師，是不是可以依法開除他？**

- 機師在社群網站上貼文、上傳影片，大罵「公司客機設計腦殘」、「爛」，且上電視節目談論公司、客機等機師需守密事項；
- 執勤中在機長室拍攝照片，並上傳到社群網站；
- 無理由連續曠職三日。

（　）A.批評公司、客機設計，讓公眾覺得某類型客機危險、對該公司評價降低，當然構成開除的理由！

（　）B.雖然這位機師講話偏激了點，但好像也沒那麼嚴重，所以不能直接開除。

（　）C.他可是傳奇網紅機師，開除後會不會反而讓他更肆無忌憚地發表不當言論，造成公司更大的損害？暫且不宜開除。

案情摘要及爭議說明

某廉航 v. 網紅機師

（臺灣臺北地方法院 106 年度勞訴字第 54 號）

　　某廉航的網紅機師在駕駛某型號飛機執行勤務時，竟趁飛機停在外國機場載客裝貨的空檔，身穿機師制服、在駕駛艙內以手機拍攝影片，並以「腦殘」、「爛」等不雅字詞批評該型號飛機設計不良，導致操作錯誤。其後更將影片上傳至其公開臉書粉絲團網頁。航空公司得知後，召開公司內部的紀律委員會議，決議將其降職為副機師，並安排參加副駕駛的相關訓練。這位機師深感不滿，於是請律師發函通知公司終止勞動契約，也沒有出席副駕駛訓練。結果，由於機師連續三天未出席受訓，因此公司以他連續三日無正當理由曠職，把他解僱。

法院判決

判決結果：公司勝訴！

　　本案涉及到幾個值得討論的問題：

　　一、機師的行為是否違反了勞雇契約或工作規則？

　　二、如果機師的行為的確違規，那公司把他調職減薪的處分，是否合法？

　　法院表示：

一、機師的行為違反勞雇契約

　　因為，公司的訓練契約中的確明白記載：機師「不應提供有關公司業務或營運之任何資訊給任何媒體，且所有來自媒體之詢問及採訪，均應透過公司之發言人或公關部門」，機師「不得私

自受訪或對外發表任何言論。」飛行作業手冊也記載：「機長應維持高度紀律標準、言行應為公司表率、同時在其組員間發展高度團隊精神並避免部分組員犯錯」。

在機師上傳社群網站的影片中，雖然沒有直接提及任職公司的名稱，但觀眾憑著他身上的制服，也可以推測得知是哪家公司；因此，機師的行為已經足以使一般觀看影片的民眾，對廉航所使用的飛機產生負面印象。此外，在機艙內、執勤中拍攝影片，也已經違反僱傭契約、訓練契約及公司飛行作業手冊。

二、廉航調職減薪處分合法

廉航在內部的紀律會議中，雖然認定機師違反了許多項訓練契約或工作規則的規定，但並沒有直接把機師開除，而是採取調職減薪的循序漸進方式：先把他的職位降為副駕駛，預計觀察考核半年後，再評估是否調回正駕駛職務。上述的處分算是合情合理，也給了機師改善復職之機會，所以是符合法令規定的。

必須附帶說明的是，法院最後認定機師是違約自行提前離職，而應該返還公司原先所出的訓練費用。

 專家的建議

解僱前，需先採漸進式處罰及再教育

公司在解僱員工前，應先採取循序漸進的措施。根據我國法院的見解，解僱乃是最不得已的手段，因此公司在開除員工前，

應先採取降職、減薪、調職等較輕的處分,並且給予員工改善績效的機會。如果是把員工調去擔任其他職務,也要提供一些教育訓練,使他能很快適應新調任的工作。

使用社群軟體宜謹慎,討論公司事務應客觀

對於員工來說,雖然使用社群軟體是個人的自由,公司無法干涉。不過,員工也要切記:在虛擬的網路環境下,任何人都會看到你上傳到社群網站的內容。對於自家公司的產品或服務,員工雖然可以基於專業跟經驗,提出改善的建議,但要盡量保持客觀,並且注意自己用詞,不宜出現情緒性的謾罵。一旦貼文的內容涉及到公司事務,而且有情緒化的批評,有可能會影響到公司的聲譽,自己也可能因此違反勞雇契約、甚至可能因此而丟掉工作。

發聲管道應暢通,以利雙向溝通

公司應提供員工適當的發聲管道。對於自家公司的產品或服務,最了解的人莫過於自己的員工。員工如果願意提供相關的改善建議,也能幫助公司更加完善其產品或服務。所以,或許設立匿名的意見箱,或不定期地舉辦公司內部的員工座談會,聽取員工的一些建議甚至抱怨,也有助於公司跟員工之間的雙向溝通。

4-2
空少謊稱總統專機有炸彈，公司可否開除他？

Q 如果公司僱了這樣的空少，是不是可以依法開除他？

● 為了聲援公司其他的罷工同事，空少謊稱總統專機有炸彈；

● 媒體廣為報導這起「詐」彈事件，影響公司聲譽，並造成民眾擔憂飛安。

（　）A.謊稱機上有炸彈，會嚴重影響民眾對航空飛安的信賴，當然構成開除的理由！

（　）B.雖然這位空少偏激了點，但為了支持罷工，引起總統關注及社會同情，雖有過錯，但其情可憫，不應解僱他。

（　）C.空少謊稱有炸彈，若非媒體報導，根本不會驚擾到任何乘客也不會影響飛安吧？一切都是媒體的錯及其報導角度的問題。

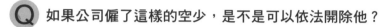

案情摘要及爭議說明

航空公司 v. 空少

（臺灣桃園地方法院 106 年度重勞訴字第 8 號）

　　某空少為了聲援公司其他空服員的罷工，並讓總統及社會大眾關注空服員的權益，於是在總統專機出發前一刻，打 110 謊稱專機上放有炸彈。經過維安人員檢查後，發現是虛驚一場。

　　空少隔天被檢察官傳喚，公司幾天後得知這件事，先將空少調任為地勤人員。想不到，時隔四個月後，公司才以空少行為違反勞僱契約情節重大，依勞基法規定開除他。空少不服，只好提告，主張公司的解僱不合法。

法院判決

判決結果：航空公司敗訴，解僱違法！

一、謊稱總統專機有炸彈，確實是違規情節重大

　　本案首先需要討論，空少謊稱總統專機上有炸彈，是不是違反勞動契約、情節重大？

　　試想，一架飛機上的乘客人數少則數十人，多則幾百人，因此，任何可能影響飛安的因素，都關係到上百條人命。所以，不論是總統專機或是一般的民航客機，如果有人謊稱飛機上有炸彈，都會嚴重影響飛安。更何況，身為空服員，就算不是自己所執勤的班機，但職責上都有維護飛安的義務；竟然還謊稱自家飛機上有炸彈，顯然，這樣的行為應該屬於違規情節重大。

二、未於知悉後三十日內為之，解僱不合法

　　不過，值得一提的是，本案航空公司開除空服員之舉，最後

還是被法院認定為不合法律程序，所以開除不合法。因為，依照勞基法的規定，如果員工違反勞動契約情節重大，而公司想要依法開除他的話，必須從「知悉」之日起三十日內為之。而在本案中，空少在犯案隔天已向檢方坦承，並且媒體也廣為報導。所以，法院認為：公司應該早就知悉空少犯案一事，而且也在不久後就將他調為地勤，這更顯示公司確實早已得知自家空少就是謊報之人。在這種情形下，航空公司竟然拖了四個多月，才解僱該名空少，顯然已經超過三十日的法定期限，因此解僱不合法！

 專家的建議

解僱違規員工需及時，法定期間應遵守

根據勞基法的規定，對於違反工作規則情節重大的員工，如果要予以解僱，就得在知悉違規情形之日起，三十天內為之，否則就不合法。這個規定是法律的強制規定，並沒有辦法以合約或其他理由加以變更。

實務上經常看到，公司在員工犯錯以後，沒有立即在法定期間內把他開除，而是在時隔多月、甚至多年以後，以翻舊帳或算總帳的方法，找出員工過去所犯的錯誤，來做為解僱的理由。但這樣的解僱，其實並不合法，員工是可以要求依法復職的，甚至也可以請求公司賠償其無法工作期間的工資。

處罰員工，應遵行「一事不二罰」原則

另外，雇主也要切記「一事不二罰」原則。所謂的一事不二罰，指的是對於一個人所犯的單一錯誤，基於比例和公平原則，不應該重複處罰兩次。這個概念其實是根源於美國刑法，但是我國的法院也認為可以適用在勞雇關係上。

因此，在勞雇關係上，針對員工所犯的某一項錯誤，如果公司已經用記過、調職或降薪等方式處罰過了，就不應該再以同一個理由，處罰或開除員工。如果公司違反「一事不二罰」原則而解僱員工，通常法院會認定開除不合法！

違規情節重大，方可合法開除員工

根據勞基法的規定，公司如要解僱員工，必須員工的違規屬於情節重大。至於怎麼樣的情況才叫情節重大，其實不能一概而論，而跟公司的行業別、員工的職務、是否構成公共危險等因素都有關係，因此法院會綜合各種因素來判斷。

舉例來說，如果員工是在充滿易燃氣體的工廠內抽菸，由於可能會引發爆炸、造成人員嚴重死傷，因此很容易被法院認為是屬於情節重大。

相對來說，如果是一般公司行號的職員，違規在公司的會議室內抽菸，雖然應該被處罰，但違規的情節尚輕，很難說這是情節重大，到可以直接解僱的地步。所以，對於公司來說，如果要處罰違規的員工，還是要合乎比例原則，同時考量員工違規情節

的輕重程度、對於公司的傷害程度、擔任的職位高低、以及任職期間的長短等因素。此外，對於員工的違規行為也最好有書面或電子紀錄，在未來員工反告公司解僱不合法時，公司才能夠舉證自保。

4-3 藉工作之便騷擾超商女店員，是否屬情節重大的違規？

Q 如果菸酒公司旗下的訪銷員有以下行為，是否可以依法開除他？

- 藉工作之便，到有業務往來的超商，趁機騷擾其女店員；
- 未經該超商允許，使用僅供內部員工使用的廁所，並使用超商冰櫃冷藏自己帶的酒；
- 威脅超商女店員：不給聯絡方式就舉發她，讓女店員不勝其擾。

( )A. 藉工作之便把妹、要電話，甚至影響公司聲譽，應該可以開除！

( )B. 窈窕淑女，君子好逑，雖然騷擾行為的確不該，但還不至嚴重到需要開除他。

( )C. 這位訪銷員是不是太空虛寂寞，應該請他與諮商師談談！

案情摘要及爭議說明

菸酒公司 v. 訪銷員

（臺灣高等法院 104 年度勞上字第 106 號民事判決）

　　某訪銷員受僱於菸酒公司，他的工作內容是到連鎖超商、超市以外的一般零售店家，進行商品陳列、DM 布置與發放，以及產品推廣。然而，該訪銷員卻跑到知名的超商去，向超商女工讀生謊稱自己是菸酒公司的稽查員。

　　其後，該訪銷員又未經同意，自行進入超商門市的辦公室內，冰存自己攜帶的啤酒，甚至使用門市未對外開放的廁所，經勸離後仍不改其行徑。

　　更誇張的是，訪銷員看女工讀生長得可愛，竟趁機詢問該女工讀生住所及電話，工讀生因擔心門市遭稽查員客訴，只好提供自己的姓名、電話等私人資料。訪銷員得寸進尺，事後想更進一步跟女工讀生攀談遭拒，竟惱羞成怒，在超商內跟隨後趕來的店長發生口角，最後還鬧上警局。

　　菸酒公司認為：訪銷員竟然假借名義，騷擾超商店員及惹是生非，導致公司名譽受損，而可能影響客戶向公司訂購菸酒的意願，於是依照勞基法「違規情節重大」的規定，把這名滋事的訪銷員開除。

 法院判決

判決結果：解僱合法。

一、員工滋擾行為確實嚴重，違規情節重大

　　細數這位訪銷員所犯的過錯，不僅假冒稽查員身分前往超商招搖，事後還藉機騷擾女店員，並多次到超商的辦公室借廁所，

甚至屢屢使用超商的冰櫃冷藏自己私人所帶的酒類。這些行為，的確已經嚴重滋擾商家，甚至最後還因此鬧上警局，顯然已經傷害公司的名譽，讓客戶不敢訂貨，而嚴重違反工作規則。所以法院認同公司的解僱行為。

二、雇主開除該名員工，符合解僱最後手段性

在本案當中，法院是遵照過去一貫對於「解僱最後手段性」的解釋。

根據這個原則，對於員工所犯的錯誤，應該要視嚴重程度，採取不同的懲戒方式，例如減薪、記過、降職或調職等等；此外，公司所採取的任何懲戒措施，也必須符合比例原則。除非員工犯的錯，已經重大到公司完全無法繼續容忍，才能採取直接開除員工一途！

該訪銷員僅在公司任職六個月，而且事發當時，他才正式通過試用期的考核短短四天。這種時候，員工應該要更珍惜新的工作機會、認真表現，竟然反而得意忘形，在外滋生事端，未來如何期待他還能在公司好好的做下去？所以，對於他這樣的重大違規情形，雖然公司直接把他解僱，而沒有採用其他記過、降薪等等較輕的懲戒，但法院還是認為符合「解僱最後手段性」原則，開除有理！

專家的建議

員工對外胡作非為、影響公司形象，法院立場零容忍！

在大部分討論過的法院判決中，我們可以發現臺灣的法院是站在保護勞工的立場，而通常會以解僱最後手段性的理由，要求公司必須先對違規的員工採取其他比較輕的處罰。不過，從上述的判決來看，法院似乎認為：如果員工在公司內部犯錯，因為是在自家家門內，所以法院比較會容忍，而多認為公司不能立刻開除員工。不過，如果員工是代表公司對外進行業務往來，這時，若有任何踰矩的行為，而嚴重影響公司聲譽或生意時，如果公司對於這種違規的員工給予比較重的處罰，法院比較能接受；而如果是新進的員工，法院甚至認為這樣的員工是不受教的，所以公司對這樣的員工無須容忍，可以直接開除。

工作規則讓員工充分審閱，方能產生有效拘束力

公司和員工之間相關的權利義務，不太可能在短短幾頁的僱傭合約中詳細載明，所以不論中外法院，都能理解並認可公司進一步訂定工作規則，以補充勞雇契約的未盡事宜。不過，公司必須要讓員工了解工作規則中的具體內容，因此建議提供書面的工作規則給員工，讓他有充足的時間審閱，並在確認內容後簽名表示同意及知悉，這樣的工作規則才能有效拘束員工，並且成為勞雇契約的一部分。

另外，公司應該提醒新進員工注意工作規則，並在對外代表

公司時慎重為之，不應損害公司名譽。

員工對外代表公司，謹言慎行顧形象

　　從這個判決來看，新進的員工可得特別留意自己在外的一言一行，而資深的員工也不能倚老賣老！因為，員工對外洽談業務時，在外人眼裡就代表公司形象，言談舉止如有不慎，不僅個人自毀形象，也會影響到公司的業務推廣。員工對外如果言行不當，嚴重時甚至危害到自己的生計！

　　前一陣子在美國就有這麼一則案例：一位任職於政府包商的單親媽媽，在騎腳踏車踏青時，恰巧遇到美國總統川普的車隊路過，這位媽媽連續舉了一到二分鐘的中指，對川普的政策表達抗議。事後，美國媒體大肆報導這則新聞，並把這位單親媽媽邊騎腳踏車邊舉中指的照片廣為刊登，而她也把這張照片登在自己的社交媒體作為封面圖片。公司老闆就以她嚴重損及公司形象為由，將她開除。當然，這個解僱之舉是不是過當，還有待商榷；只不過，這個案例也正提醒了我們：不只在現實世界，員工在網路世界也代表公司形象，同樣需要謹言慎行。

4-4
業務經理向代理商拿回扣，公司可否合法開除他？

Q 如果公司僱了這樣的業務經理，是不是可以依法開除他？

- 私下跟代理商的總經理要脅，讓代理商從利潤中撥出二十萬元作為回扣；
- 拿了回扣後，又把客戶從代理商轉介到別的公司，讓代理商覺得被騙上當。

（　　）A.業務經理本應協助代理商拓展業務，竟反而欺壓合作夥伴，顯屬違規情節重大、開除合理！

（　　）B.向合作廠商拿回扣雖有不對，但如過去業務表現不差，給予記過處罰即可，不必開除。

（　　）C.業務經理與代理商都是一丘之貉吧。

案情摘要及爭議說明

某香港商在台分公司 v. 業務經理

（最高法院 94 年度台上字第 944 號）

　　某位香港商的在臺業務經理，負責與代理商簽約並協助拜訪客戶，以及依合約計算代理商的佣金。因為業務經理知道代理商

可以拿到不少佣金，因此主動跟該代理商的總經理開口要求「分享」利潤。經雙方討價還價後，最後以臺幣二十萬元成交，並由代理商交付一張等值的美金支票給業務經理兌現。

原本業務經理還以為神不知鬼不覺，不料，業務經理拿人錢財後，又把一些原來代理商負責的客戶，轉介給港商本身在高雄的分公司處理，使得代理商流失不少客戶和收入。代理商總經理覺得業務經理「吃人夠夠」，在不堪受損之下，除了先直接打電話到香港向總公司抗議客戶被轉走以外，又在兩個月後，趁著港商的主管來臺時，當面揭發業務經理的惡行，並提示了兌現後的支票影本作為證據。

業務經理在接受港商總公司調查時，謊稱自己是因為要投資大陸房地產，才向代理商總經理借錢，不過又拿不出足夠的證據。最後公司決定以違反公司內部規則情節重大，將他立刻開除。業務經理不服，仍堅稱自己並非拿回扣，並且主張就算自己有拿回扣，公司也沒有在法定的三十天期限內將他解僱，所以解僱違法。

法院判決

判決結果：公司勝訴，開除合法！

根據勞基法的規定，如果員工違反勞動契約或工作規則情節重大，雇主是可以直接炒他魷魚的。只不過，怎樣的違規屬於情節重大，的確就要看個別的案件事實來認定。

一、勞動契約與工作規則均明訂，不得向廠商收回扣

雖然業務經理主張這是投資房地產的私人借貸，但因為拿不出可以說服法院的證據，所以法院並不採信。此外，即便業務經理強調：他對於客戶的簽約和續約事項並沒有決定權，而是由香港總公司決定，但代理商總經理指證歷歷，強調自己都已經付了回扣，竟然業務經理還私底下捅他一刀，把客戶轉走，因此曾經去電質問業務經理，而他也承認是自己把客戶轉介到高雄分公司去的。

基於上述的證詞，法院認定這名業務經理的確涉及收受回扣。法院進一步指出，這家香港商特別在它的公司政策（Corporate Policy，類似臺灣的工作規則）中明訂：員工如果向公司的供應商、客戶或其他關係人收取佣金，公司得直接開除或解職；而公司和業務經理所簽的勞動契約中也明白約定，公司可以依照勞基法及公司政策予以開除。

二、三十天開除期限，應以公司「知悉」收賄事實開始起算

本案的另一個爭執，是業務經理主張自己雖然收賄，但公司並沒有在勞基法第 12 條第 2 項規定的三十天期限內開除他，所以開除違法無效。根據經理的說法，既然代理商總經理早在客戶被轉走當時，就已經打電話向香港總公司告狀，香港總公司應該在當時就知道所謂的收回扣情事了；公司既然當時就知悉，卻拖到三個多月之後才把他開除，顯然已經超過了三十天的法定期

限，因此開除無效。

不過，對於業務經理的說詞，法院並不接受。法院指出：廠商指控員工收回扣，是一件很嚴重的指控，因此，依照情理，廠商應該會備妥相關的證據，公司才能判斷員工是否真的有收回扣。本案代理商總經理雖然已經先撥電話到香港總公司去，但主要是抗議自己的客戶被轉出去的事；這名代理商的確是等到總公司主管在兩三個月後來訪時，才有機會當面提出支票影本等相關證物。

此外，法院還特別指出，香港總公司在開除業務經理的前幾天，還依公司的正常流程予以調薪，依照情理判斷，顯然公司並非在兩三個月前就知悉收回扣的事。基於以上的分析，法院認定：判斷公司是否在法定的三十天內開除業務經理，應該從香港主管拜訪代理商總公司的當天開始起算。因此，公司解僱合法。

 ## 專家的建議

拿回扣及收賄屬重大違規，公司依法開除有理

在實務上，經常發生員工向廠商收取回扣的情形。理論上，總公司和上游的供應商、下游的經銷商或代理商之間，本來就是互相合作、共存共榮。不過，在實際的商業活動中，有時會發生公司的產品奇貨可居，下游的經銷商或代理商為了爭搶貨源，不得不反過來巴結總公司主管的情況。這時，掌握生殺大權的主管，如果自我把持不佳，甚至貪謀私利，就可能利用機會向這些

廠商要求回扣；而廠商礙於其職權，也為了維持未來的長久合作關係，通常只有付錢了事一途。

不過，對於員工收賄或拿回扣，很多公司都非常感冒。因為員工不僅是利用職權占盡合作廠商的便宜，而且還會損及公司的形象；嚴重的話，有些上下游公司就因為自恃自己付的回扣夠多，穩穩掌握住訂單，以至於開始偷工減料，造成交付的產品或原料品質低劣，長期下來，最後受損的其實是公司。這就像俚語常說的，是「養老鼠咬布袋」！

基於前面的理由，很多公司在工作規則中都會明訂：員工拿回扣或收賄者，一律開除！從本案的判決來看，法院是同意公司立場的。對於拿回扣跟收賄的行為，公司可以零容忍，只要罪證確鑿，都可直接以員工違規情節重大為由，直接開除這些不肖員工！

「自律」及「他律」雙管齊下，確保員工不藉機要回扣或收賄

要確保員工不拿回扣或收賄，公司可採取的方式，包括「自律」和「他律」兩種手段。在「自律」方面，可以在工作規則中明訂相關的懲戒方式，並在定期或不定期的教育訓練當中，提醒員工拿回扣或收賄的相關民刑事責任（例如背信罪等），並對違規的員工勿枉勿縱，以讓員工有所警惕。

在「他律」方面，許多公司也把員工禁止收賄、拿回扣的規定，通知所有的往來廠商；甚至鼓勵廠商在發生員工索賄或拿回扣時，直接通報給公司，以維持來往廠商之間的公平競爭關係。

另外，有些公司甚至會要求業務往來廠商不得招待公司員工，並將公司政策做成白紙黑字的手冊或通知，廣發給來往的廠商；如有廠商被查獲有不當招待公司員工或主管的事實，將永不往來。藉由這樣的他律，除了讓員工有所警惕之外，也提醒往來廠商以正當方式從事公平競爭，並且讓廠商知道：走後門等不正當的往來，是不可能獲得合作機會的。

4-5
客服態度不佳，嚴重損及公司形象，是否為重大違規？

Q **如果公司有這樣的員工，應該如何處置？**

- 長久以來，客戶及同事常常向公司抱怨其態度及語氣不佳；

- 客戶詢問貨物為何異常時，他未依流程確實調查，反而直接推卸責任；

- 事後發現是公司出錯，客戶震怒，甚至向媒體爆料並要求高額賠償。

（　　）A. 這種違規太嚴重，別說降職減薪，公司就算把他直接開除也很合理！

（　　）B. 看在他為公司服務多年，就留個情面，讓他自己申請退休回家養老吧。

（　　）C. 如果長期態度及語氣不佳，就該要求員工改善，或者不讓他擔任面對客戶的第一線人員。發生這種事，公司也有責任吧？

📖 案情摘要及爭議說明

某航空公司 v. 貨運部副理

（臺灣高等法院 103 年度重勞上字第 26 號）

　　某航空公司貨運服務部的資深副理，專門負責處理貨物追蹤業務。長久以來，他的服務態度及語氣不佳，讓同事、公司客戶，甚至公家機關人員都常常向公司抱怨，而公司的主管也曾找這名副理約談，要求他改善服務態度。

　　某日，副理接獲客戶來電，表示發現託運的水果腐爛，詢問為何生鮮水果沒有進倉冷藏，最後導致腐爛？對於客戶的電話詢問，這位副理沒有仔細查證，只隨便查看手上的提單及艙單，就告訴客戶找錯對象了，公司都有把資料傳真給倉儲公司，並把責任推到倉儲公司身上。對此，倉儲公司則回覆表示：他們根本就沒有收到過航空公司傳來的這筆艙單。

　　最後，經查證發現，的確是這家航空公司出錯，把資料誤傳到別家倉儲公司了。客戶震怒，找電視媒體投訴、在影音網站上傳當初和這名副理對話的錄音，大肆批評這家航空公司，並提告求償，金額高達五百多萬元。

　　航空公司的高層主管們認為這名副理違規情節重大，但不忍心直接把他開除，最後決定將他降級、減薪。公司某位人事經理想到，這位副理已經年滿五十五歲，並在公司服務超過十五年以上，符合退休資格，就建議這位副理其實可以考慮自請退休，對他而言，會比繼續待在公司來得有利。這名副理送出退休申請後，過沒幾天馬上反悔，表示要撤回退休申請，並向法院起訴，主張

自己是被公司逼迫才會申請退休，請求確認雙方仍有僱傭關係。

法院判決

判決結果：副理敗訴！

一、副理違規情節重大，影響公司商譽

首先，依照公司的作業流程，這位副理的工作包括檢查貨物狀況、確認貨物異常情形，應該要確實遵辦。然而，這位副理在接獲客戶來電詢問時，並沒有依照公司的作業流程，確實檢查各項環節、調查貨物運送出現異常的原因，也沒有主動聯絡合作的地勤公司及倉儲公司。對於副理的這些疏失，法院認為的確已經違反工作職責。此外，由於副理處理失當，導致客戶誤會是航空公司故意卸責，而決定向各大媒體投訴，並提告求償五百多萬元，已經嚴重影響了航空公司的商譽。

二、降職減薪是合理處罰，副理並非遭威脅而申請退休

依照這家公司的工作規則，員工應隨時注意自己的服裝言行，如果有違規，但情節不嚴重者，可以用降職作為處罰。不過，這名副理的行為，其實已經嚴重違反公司的工作規則，因此，公司依規定予以降職並減薪，是合理的處罰。

至於副理之所以申請退休，其實是他自己考量到：減薪會影響退休金的計算，而並不是遭到脅迫，所以，副理主張自己是被公司逼迫而申請退休，在法律上是站不住腳的。

三、處罰前已給予充分申訴機會，符合程序正義

在案件審理過程中，雖然副理主張：公司沒有召開人事評議委員會討論其懲處問題，也沒有讓他有任何申訴的機會，因此懲處的程序有所不公，應屬無效。不過，法院指出，該家航空公司對於員工的懲處程序，是由單位主管會同人事主管共同調查，並將調查結果和懲處建議呈報給總經理決定；而在公司做成決定前，也確實給了副理陳述意見的機會，才做出相關的懲處決定。因此，法院認為公司的懲處程序完備，並無違法之處。

 專家建議

考核員工及要求改善缺失，都應以書面做成訪談紀錄

很多的中小企業因為規模較小，人少事雜，做任何事情都不太喜歡以紙本方式做成書面紀錄。這雖然可維持平時的做事效率，然而一旦公司決定懲處或解僱不適任的員工，不服氣的員工往往會提出勞資爭議調解或訴訟，主張自己並沒有任何違規或不適任的情形。這時，如果公司沒有辦法提出書面的訪談或甚至員工簽認的考核紀錄，往往會啞巴吃黃蓮，而被法院認定其解僱之舉違反最後手段性原則或比例原則。因此，奉勸中小企業的老闆及主管應開始建立書面的績效考核制度，並且對於員工的犯錯、違規或不適任，也盡量由主管進行訪談並留下書面紀錄，才能避免日後舉證上的麻煩。

懲處程序需完備，免被法院認定不符程序公平性

　　從這個案子，我們也可以學到：公司除了建立詳細的工作規則並公告或讓員工簽認之外，對於違規的員工，內部應該建立起合理的調查及處罰的制度。尤其，在對違規員工做任何懲處前，都應該給予員工充分說明和解釋的機會，並盡量訪談了解員工實際違規情形的同事或主管，以充分掌握實際狀況，也能兼顧公平和程序正義。公司如果都能建立完備的懲處程序，其所做的懲處，在法律上也比較能站得住腳。

第5章

業務精簡是藉口，請走員工真理由？

　　公司跟企業的經營，其實並沒有想像中的那麼容易。君不見，街頭巷弄內很多小餐廳、飲料店，經常每一兩年就關門收攤、換人經營，從此就可見，做生意賺錢有其困難度。

　　本書提過了很多次，勞基法的立場是比較偏向保障勞工的工作權的，因此，如果公司或企業想要解僱員工，就得要符合法律規定的「經濟性解僱」或「懲戒性解僱」的條件。所謂的懲戒性，顧名思義，就是如果員工犯了很大的錯誤，或是因可歸責的原因而有不適任的狀況，這時公司就可以在符合最後手段性原則的前提下，開除這位不適任的員工。

　　至於經濟性的解僱，從字面上來看，也很容易理解：例如，公司可能變更業務性質，或是因為不景氣而虧損連連，導致必須裁員；當然，也有可能是因為部門精簡合併，或是因為股權或經營權轉讓，而可能必須解僱部分員工。畢竟，企業的存在，本來就是要追求永續的經營和成長，就算不幸發生解僱、裁員的情況，其實也不是公司成立當時所能預見或樂見的。這時，如果法令還毫無人性，硬要公司繼續留用現有的所有員工，而不給其一點試著改善人力結構或財務狀況機會，那麼公司可能就會像一台失速的火車墜下山谷，最後難逃倒閉關門

的命運，其結果會造成所有的員工跟著陪葬，生計頓失所依。

我國勞基法第 11 條規定：公司在面臨「歇業或轉讓時」、「虧損或業務緊縮時」或「業務性質變更，有減少勞工之必要，又無適當工作可供安置時」，是可以解僱員工的。由此可見，跟世界大多數國家一樣，我國勞基法是允許特定情形下，公司可以基於經濟性的理由，而解僱現有員工。本章所收錄的相關判決，就會針對這些常見的經濟性解僱案例，分別加以剖析。

5-1 部門精簡轉型，是否就可解僱人員？

Q 如果公司遇到以下這樣的狀況，是否可以**解僱部門人員**？

- 為了強化競爭力，需要進行組織調整，精簡部門人員；
- 某部門軟體工程師的技術專長，並不符合公司目前的需求；
- 而且這名工程師只有大學學歷，不符合其他工作的碩士學歷要求。

( )A.組織調整也是難免，可以解僱該部門工程師！

( )B.不能直接解僱，應該要給工程師調職及教育訓練的機會！

( )C.都已經在公司工作多年，總有貢獻與可取之處，那麼大的一家公司，真的容不下這一位員工嗎？

案情摘要及爭議說明

智慧型手機領導品牌 v. 軟體工程師

（臺灣高等法院 102 年度重勞上字第 27 號民事判決）

　　某軟體工程師在國內智慧型手機領導品牌任職，並在軟體管理部門工作了九年。該公司後來進行組織調整，先將這位工程師

所屬的部門與其他兩個部門整合，改名為「軟體項目管理部」，然後就以業務性質變更、無適當工作可供安置為理由，將這位工程師資遣。

軟體工程師不服氣而對公司提告，主張：該部門內的工作性質都差不多，並沒有業務變更的情形；此外，公司在資遣他之後，還在公司網站上公告徵求「開發應用軟體」及「網路相關應用軟體開發」的專才，而這些都是他的專長項目！另外，該公司設在大陸上海的子公司「××通訊公司」，實際上也公告了類似的職缺。

公司則抗辯：為了提升經營效率，因應市場競爭，所以才把幾個部門合併；因此，公司的作法的確符合勞基法「業務性質變更」的規定。此外，公司目前欠缺的是專精Java程式語言的人才，但該名工程師的專長則是C++語言，與公司所需的專長不符。至於子公司是設在上海，基於人事成本考量，公司原則上是優先僱用當地人。

法院判決

判決結果：公司資遣不合法！

一、公司確實有業務性質變更

法院認為：該公司確實有改變了部門的定位。部門在調整之後，側重的面向和工作內容已經和原先的有所不同，而且整個部門減少的人員數高達十二人（原本的員工總共有五十七名）；因

此的確是屬於經營結構的調整，符合業務性質變更，而有必要減少員工。

二、必須公司沒有其他適當工作時，才能解僱員工！

法院首先強調：在公司裡面，如果性質接近的其他部門依然有職缺，或是員工依照目前的技能，經過合理期間的訓練，也有其他可以勝任的工作，就不符合勞基法「業務性質變更、無適當工作可供安置」的情形。

法院指出：該手機公司在網路上公告的職缺，都是該工程師能勝任的工作，至於有沒有碩士學位，其實根本不是重點。公司真正要求的，是撰寫程式的能力，而該工程師精通 C++ 語言及應用程式的修改，因此足以勝任網路軟體開發工程師的工作。

另外，對於這位工程師而言，雖然目前還不熟悉 Java 程式語言，但只需要大約一個月的訓練期間，就可以上手，而該工程師也曾經表達願意接受訓練、想學習新領域的技能，所以應該也可以把他調任為應用軟體開發工程師。

三、必須把子公司的職缺考慮在內，安置員工！

此外，依照我國法院過去的見解，所謂「無適當工作可供安置時」，也必須要把雇主投資成立、管理操控的其他子公司包括在內！換句話說，必須連子公司裡面都沒有適當工作可以安置，公司才能資遣員工。

由於設在上海的通訊公司，實際上根本就是手機公司百分之

百控制的子公司，而該公司也有適合這位工程師的職缺。因此，公司應該先設法把工程師調任到子公司，而不能直接把他資遣。

 ## 專家的建議

建立輪調制度，培養員工多元專長

在人力資源策略上，公司平常就應該多讓員工嘗試不同工作，讓員工有機會學習新技能，像是可以讓員工在同部門調動，讓員工了解其他同事的工作內容。此外，目前也有很多公司會視員工個人意願及專長，不定期讓員工有機會輪調到其他部門工作，例如：將後台的研發工程師調到第一線的客服部門，親自聆聽客戶的反饋和抱怨、了解用戶的實際需求，未來回到原有的工作崗位，就能更加改善公司的產品或服務。

另外一個好處就是，當公司人力因為員工請假或離職出現短缺時，同部門員工之間就可以互相支援；甚至，如果未來公司有組織調整、合併的需要時，也可以將員工轉調其他單位，讓員工得以繼續留在公司服務。

提供合理教育訓練，為員工開啟另一扇窗

員工也是公司的資產，如果公司願意協助提升員工的專業技能，事實上也是一種長遠的投資！當員工具有更多專業技能，就能有機會為公司提供更多回饋，甚至有助於拓展新業務、開發新產品。

　　而教育訓練的方式，又可以分為兩種：一、內訓，也就是在公司內部舉辦教育訓練，或邀請講師授課；二、外訓，就是鼓勵員工參加相關進修課程，由公司依照進修的工作時數支付薪水，或補助進修費用。這兩種教育訓練方式，都能有助於培養新技能。

必須把子公司的職缺考慮在內，安排轉任！

　　如果公司底下還有其他子公司，而且對於子公司的經營管理、人力安排有一定的控制權，則此時法院會認為：即使名目上是不同的公司，雇主還是應該要把子公司的職缺考慮在內，提供員工更多轉調任的機會。

　　此外，即使員工的專長和公司內部工作職缺的名目不一定完全相符，但假如稍微做教育訓練，員工就有可能勝任新工作的話，公司就應該要盡量提供機會，讓員工可轉任其他工作。

員工應主動學習新技能，踴躍參與各種教育訓練

　　員工在職場上應該保持學習精神，不侷限於自己過去的專業領域，而盡量能多方嘗試、學習，甚至如果公司願意提供教育訓練時，應該要好好把握。這樣一來，既有機會可以保住飯碗，也可以增加自己更多的專業技能！

5-2 為節省公司開支,解僱公務車司機合法嗎?

Q **如果銀行有以下情況,可否將公務車司機資遣?**

- 土地融資的業務減少,因此員工搭公務車到外地勘查土地的需求降低;

- 對於其他有公務需求的員工,公司改與計程車行合作派車;

- 公務車司機都沒有金融或理財背景,也不願轉任存放款或其他業務。

( )A.銀行土地融資等業務縮減乃是情非得已,如果司機又不想轉任新工作,當然只有資遣一途。

( )B.司機們學經歷不高,辛苦工作又有家庭得照顧,不應該把他們資遣。

( )C.要司機們轉任放款或其他相關任務,門檻會不會有點高?

案情摘要及爭議說明

商業銀行 v. 公務車司機

(臺灣高等法院 102 年度重勞上字第 41 號)

　　某商業銀行分別在全臺多處設有區域中心，聘請司機專門駕駛公務車載送員工出差。某日，公司表示因為金融業的業務型態轉變，將裁減公務車車輛，並把五名司機資遣。

　　公司在宣布此一決定的同時，也提供了消費金融放款、存匯櫃枱等職務，供這些司機申請轉任。不過，這些職務需要在短時間內考取很多證照才能擔任，而且都要求業績得達到五成以上，因此司機們都覺得太強人所難，不願意接受調職，並主張資遣不合法。

法院判決

 判決結果：銀行敗訴，資遣不合法！

一、確實因業務性質變更而需減少司機

　　勞基法所謂的「業務性質變更」，並不只限於公司章程或營業登記項目有變更的情形。如果是公司為了因應市場競爭條件，基於決策考量，改採不同的經營技術、手段、方式，導致業務發生實質的變化，也屬於業務性質變更。

　　法院首先參考這家銀行提出的資料，認為由於這家銀行的員工可以改搭合作的計程車出差，或自行駕車而申請交通費補助，所以對於公務車的需求已經減少了。再者，這家銀行也提出統計資料，證明在兩年之間，該銀行的土地融資授信業務的確減少很多，因此員工需要搭公務車到外地勘查土地的需求也已經降低。最後，法院還參考了和該商業銀行所合作的三家租賃車公司所提出的資料，證實長期以來，該銀行所租賃的車輛數量確實也逐年

減少，表示銀行的確已經調整了其經營架構，因此確實屬於業務性質變更，而需要減少員工。

二、有無適當工作可供安置，需符合「調動五原則」

但是，法院特別指出：勞基法為了保障勞工的工作權，要求解僱必須是公司「終極」、「無法避免」、「不得已的手段」；因此，雖然一家公司有業務性質變更而需要減少員工，但仍必須窮盡所有可能，幫員工安插轉職或調換工作地點。如果真的有涉及到轉職或調換工作地點，也必須遵守「調動五原則」。

依照勞動部曾經公布的「調動五原則」（已增訂於現行勞基法第 10-1 條），調職必須符合以下條件：

1. 公司經營上所必須；
2. 沒有違反勞雇契約；
3. 在薪資或其他工作條件上，沒有對員工不利的變更；
4. 調動後的工作必須是該員工的體能技術可以勝任的；
5. 調動地點如果很遠時，公司應該提供必要的協助。

法院指出，這五名司機中，其中有一名曾經獲得信託、保險、不動產經紀等多張專業證照，而且才四十一歲，正值壯年，因此銀行應該要和他達成合意，將他調任到新的工作，不應直接將他資遣。至於另外四名司機，因為沒有金融或理財背景，故法院指出：該銀行提供的兩種職缺，必須要在短短六個月內取得四張證

照才能擔任，顯然不是司機的能力所能勝任，因此違背了調動五原則。

三、如有調動員工，必須善盡安置的義務

　　銀行如果要調動員工，就必須善盡安置的義務，而應全面地調查內部各部門到底有哪些職缺，並將所有的職缺提供給員工參考，而不應該只列出部分職缺或只調查部分部門。本案審理的法院認為，這家銀行雖然已經列舉出放款人員及存匯櫃枱人員等職務，但沒有充分地舉證，證明自己已經善盡調查完整職缺、盡力安置員工的義務。

　　最後，這家銀行雖然提供了這些櫃枱或存放款業務等相關職缺，但同時又要求轉任的員工需要在六個月內考取相關證照，而且還在輔導轉任的文件上載明：萬一在轉任後六個月內，經評估無法達到轉任要求或自願放棄新職者，將視為「對所擔任的工作確不能勝任」，將依相關規定予以資遣。法院認為，這很明顯的是強人所難！畢竟，解僱必須是公司「終極」、「無法避免」、「不得已的手段」，銀行並沒有善盡相關的安置義務，而是以司機們無法接受調動條件為藉口，把他們資遣，因此資遣違法！

 專家的建議

安置員工時，必須全面調查並提供一切職缺

　　從這個判決來看，法院認為：一家公司如果因為業務性質調

整，而需將組織部門裁撤時，就必須想辦法安置原有的員工；而安置的方法，不應該由公司先篩選出自己覺得適合員工的職缺，也不能僅對少數部門做職缺的調查。當然，法院之所以會對公司要求這麼嚴格，應該是擔心若干公司可能因為處心積慮想要資遣員工，所以故意挑選一些員工無法勝任的工作供其轉任，或者故意隱匿一些員工本來可以勝任的工作或職缺。

所以，萬一公司真的因為業務性質變更而裁撤部門員工時，正確的作法，應該是全面調查公司各部門，並請各部門以書面報告開出目前的職缺，再由公司彙整將全部職缺提供給員工。為了防止員工最後鬧上法院，公司也最好留存相關資料，把相關的詢問職缺過程、及可供轉職的職務列表保管妥當，以免將來舉證困難。

符合調動五原則，否則即屬違法

這幾年因為數位化及物聯網的發展，許多臺灣的金融機構都因此裁撤街邊分行，而改推行網路銀行業務，或將不同業務部門加以整併。這種為了因應外部環境的變更，而進行組織調整，本來就是現代企業活動所常見。只不過，為了保障勞工的工作權，避免雇主假借調動的名義，間接逼退員工，因此當年的勞委會（現在的勞動部）特別訂定了所謂的「調動五原則」（現行勞基法第 10-1 條），要求在調動員工時，企業都必須切實遵守，否則即屬違法。

舉例來說，如果有公司因為把工廠遷移到外縣市，而需要調

動員工時，就必須先讓員工優先調動到離家較近的工作場所。甚至，如果新的工作場所上班交通不便，公司可以提供交通車等工具，供員工搭乘。除此之外，公司也不能以調職為理由變相減薪，或變更其他的待遇條件。

在合理時間內提供新職輔導

有些公司為了達到資遣員工的目的，故意把員工轉調擔任不能勝任的工作；等到員工工作表現無法達到要求時，再以他不能勝任新職為理由，直接把他解僱。這種迂迴開除員工的作法，其實並不合法！

根據本案法院及其他法院的判決，如果調動員工擔任新的職務，而新職務本身需要有一定的技能、經驗和專長時，公司應該提供合理的教育訓練，並給予員工合理的適應期間，不能採取放牛吃草的方式，讓員工自生自滅，最後再以其績效表現差為由，把他開除。

本書也曾討論過另一家銀行開除理專的例子（參見 1-1），在那個案例當中，銀行把理財專員直接調到存款櫃檯去工作，卻只提供理財專員六小時的教育訓練，並且也沒有派其他資深人員輔導和協助，以致這個專員發生錯帳的現象，而銀行卻以此為由將其開除。在該案判決中，法院也特別指出，六小時的教育訓練是遠遠不足的，因此員工就算發生錯帳也情有可原，而非不能勝任新職。希望各家公司都能以這個例子為鑒！

5-3 經營權轉讓及業務緊縮，可以是資遣員工的理由嗎？

Q 如果公司遇到以下狀況，是否可以資遣員工？

- 景氣衰退，營業收入逐年減少好幾億；
- 廣播頻道遭政府要求收回，經營遇到困境；
- 部分人員行銷能力不佳。

（　）A. 公司轉型是逼不得已，裁員也是必要之痛，所以可以資遣員工！

（　）B. 還是要為員工的出路著想，不能資遣員工。

（　）C. 經營公司不是一天兩天的事，是否真的遇到無法突破的困境，有時好像也說不準啊！

案情摘要及爭議說明

知名廣播公司 v. 遭分批資遣的員工

（最高法院 100 年度台上字第 2024 號）

　　某家國內知名的廣播公司，由於媒體業遭遇不景氣，廣告業務量減少，營業收入減少好幾億，因此，公司決定分批裁員。

　　公司首先以業務緊縮為由，解僱了一批員工；幾天後，公司

再解僱另一批員工。過了大概半年，公司原本的大股東將97%的股份轉讓給其他四家公司，獲得了主管機關的核准，於是這家廣播公司再以公司改組轉讓為由，資遣另一批員工。這些被資遣的員工為數眾多，包括知名廣播主持人、企劃專員、司機等等。

然而，被資遣的員工發現：公司的廣播頻道數量、節目播出時段都沒有減少，整體規模也沒有改變。此外，公司事後竟然還另外聘請多名新員工，包括新的節目主持人、廣告行銷人員等等，於是員工們認為解僱不合法，聯合起來向法院提告。

法院判決

判決結果：公司資遣不合法！

一、繼續招聘新員工，即代表並無業務緊縮

勞基法所謂「業務緊縮」，是指公司在相當一段期間內（期間不能太短），營運狀況不佳，生產量、銷售量都明顯減少，或營業收入長期遞減，以至於需要縮減整體的業務範圍。但如果公司只是少數部門歇業，而其他部門依然正常運作，並且業務量或工作量還增加了，甚至因此而增聘新的人員，這時就不能以業務緊縮為理由，來資遣員工了！

在本案中，雖然這家廣播公司主張自己的業務縮減，但在資遣第一批員工後，卻又很快地聘請了十幾名新進人員，來從事相同的廣告、行銷、節目企劃製作、主持節目等工作，這就表示公司實際上並沒有「業務緊縮」的情形。所以，用這個理由請走員

工，並不合法。

二、單純的股份移轉，不算公司改組或轉讓

在法律上，我們把人分為「自然人」和「法人」兩種，而公司行號就屬於「法人」。所以，如果一個獨立的 A 法人，把它全部的財產或營業都賣給 B 法人，或者和 B 法人合併，而最後只剩下 B 存續時（A 法人則消滅），這才能算是勞基法所稱的「改組或轉讓」。相對地，如果只是 A 法人的股東把自己手上的股權賣給新股東，而讓新股東進駐到 A 法人時，這時因為 A 法人還繼續存在，就不算是勞基法所稱的「改組或轉讓」。

本案的廣播公司雖然主張，其原股東將所持有 97 % 的股份轉讓給其他四家公司，已經屬於公司的改組或轉讓，但是並不為法院所接受。法院認為，這只是股份的單純轉讓，而沒有影響到廣播公司本身在法律上的人格，公司也沒有被併購的情形，所以不算是「轉讓」。

因此，法院認為公司以「改組或轉讓」為理由資遣員工，並不合法。

 ## 專家的建議

業務緊縮，須備齊財報證明

從以上的判決可以看到：為了保護員工的工作權，我國法院對於「業務緊縮」的態度是較為保守且嚴格的。如果真的要主張

業務緊縮、營運狀況不佳，就必須能提出財務報表等充分的證據，證明公司的業務緊縮不是存在短短幾個月而已，而是已經經歷一段比較長的時間。

　　需要留意的是，在實務上，曾經有公司提出前後年度的三個月財務報表作為「業務緊縮」的佐證，但法院認為比較期間太短，無法證明業務真的緊縮。因此，如果公司要以此為由資遣員工，可能得準備至少六個月以上的前後年度財務報表，才比較容易說服法院。

整體營運是判斷重點

　　從過去的幾個判決來看，臺灣的法院基於保護員工的工作權，在認定公司是不是真的有業務縮減時，通常都會從公司的整體營運狀況來判斷。例如，某家汽車公司的銷售部門，可能分有行銷企劃、業務、客服等多個不同科別，假設因為經濟不景氣或預算不足，導致公司必須縮減行銷企劃業務，但其他科別的業務並沒有明顯縮減時，這種情況也還不能算是公司的業務縮減。如果公司要以業務縮減為由資遣行銷企劃人員，就可能會被法院認定為違法！

　　因此，公司平時就應該讓員工有機會接受適當的教育訓練，讓他們能夠熟悉同部門其他同事，或跨部門同事的工作內容及業務。一旦公司因為需要精簡部門或進行組織優化時，就能夠透過轉調員工的方式，讓員工繼續為公司服務，也可以避免發生公司違法資遣員工的糾紛。

「改組或轉讓」定義較嚴格，出資購買營業得留意

所謂「轉讓」兩字，除了包括公司合併或把整個營業轉讓，在法律上也包括了股東之間的股權移轉在內。不過，在法院審理勞基法有關轉讓的案件當中，出於保護員工的工作權，則是認為股東之間的單純股權轉讓，如果不涉及法人人格的消滅，都不能算是轉讓。

因此，站在投資人的立場，如果打算購買一家虧損公司的營業，為了避開公司改組或轉讓的爭議，最好是另外成立一家新公司，並要求虧損的公司先自行結算員工年資及辦理資遣，再由這家新公司購買清算後公司的全部股權或營業。如果沒有踐行這樣的方式，而直接採取入股虧損公司的方式，就可能面對不能合法資遣員工的窘境，得要繼續予以留用。

5-4

公司虧損上億，就可以直接叫員工走路？

Q 如果經營多年的工程公司發生虧損，是否因此可合法資遣員工？

- 公司兩年多來累積虧損上億，而且目前承包的工程也持續虧損中，需要緊縮人員編制；
- 公司想要轉型到其他綠能新興領域，但是員工專長並不符合。

( )A.公司既然虧損連連，轉型經營才是未來存活之道，如果員工原本的專長不符合未來公司規劃方向，當然可予以資遣！

( )B.公司就算虧損連連需要轉型，也應該試著將老員工調職，並輔導其學習適應新工作；直接資遣，當然違法。

( )C.有些公司以虧損或轉型為由資遣員工，其實是為了節省退休金，事情的真相有待進一步釐清。

案情摘要及爭議說明

工程公司 v. 估價工程師

（最高法院 102 年度台上字第 100 號）

　　某家工程公司連續兩年度合計虧損一億多元，把資本都虧光了，而且目前所承包的工程還累積虧損了七百多萬，並欠下四千多萬違約金。因為原本經營的傳統工程已不符時代所需，因此股東雖然同意增資，但條件是公司必須大幅改組，轉而發展綠能工程，並資遣大幅虧損的傳統石化團隊，以利轉型。

　　某員工是該公司負責傳統石化工程的工地主任，因為公司上述政策的改變，而被公司資遣。不過，這名主任認為公司只是為了節省未來的退休金，巧立名目以公司轉型作為藉口，而將他開除。這名員工也提出公司在資遣他以後，又刊登徵人廣告大肆招募員工的證據，並且主張公司如果真的有虧損，為何還溯及到前一年度，給員工調薪？顯然，公司所謂的鉅額虧損，根本是資遣老員工的藉口！因此，這名員工主張公司的資遣違法。

法院判決

判決結果：工程師勝訴，資遣違法！

一、在公司虧損而面臨生死存亡之際，員工工作權可做讓步

　　根據勞基法的規定，公司如果發生虧損或有業務緊縮的情形，是可以依法資遣員工的。不過，所謂的「虧損」，根據法院的見解，應該以合理期間觀察，而非以一時、偶發或短暫的負債

或業務下滑，就直接認定是虧損或業務緊縮。正確的作法，應該是針對具體個案，提出近年來的經營狀況，說明實際的虧損情形，而且也必須是合乎「解僱最後手段性」的原則，在公司持續無法改善現況的前提下，為了長遠或轉型的發展所需，才能提出精簡人事，以節省成本的資遣方案。

　　換句話說，雖然勞基法偏向保障勞工的工作權，但員工的工作權保障也並非絕對。如果公司經歷長期的虧損，不堪累賠，為求生存或轉型，法院會接受犧牲一部分勞工的工作權，而同意公司在依法給付退休金或資遣費後，得以合法資遣員工，以求公司能永續經營，同時保障其餘大部分員工的工作權，而不是讓公司最後倒閉關門，員工面臨全體失業的悲慘下場。

二、公司如有轉型或精簡人力之考量，須遵循最後手段性原則

　　本案的法院特別指出：公司因為虧損而需要進行組織調整時，如果公司內部仍有符合原有員工專長的人力需求，甚至需新聘勞工者，即不得任意資遣員工。正確的作法，是應該要遵循解僱最後手段性原則，試著採取調職及提供合理訓練的替代方案，讓員工也有機會從事轉型後的新工作，以兼顧保障員工的權益。

　　本案的工程公司雖以虧損為由，片面資遣了工程主任，但法院指出：這家公司在資遣該名主任的同一時期，還陸續增聘了十二名新員工。公司雖然主張其招募新員工，是為了剩餘的石化工程收尾，及發展綠能新業務所需，也強調該名主任的學經歷專

長不符公司轉型綠能之需，又主張新員工的工作地點是在外地，該名主任恐不便長期在當地工作。不過，對於這家公司提出上述理由而資遣員工，法院還是認為不符合解僱最後手段性原則，而認定其違法。法院指出：即便公司遇有虧損，而需解僱員工，還是需要斟酌解僱的必要性及最後手段性，而應該對現有的員工採取調職或施以合理訓練的方式；如果採取前述作法還不可行，才能採取資遣的最後手段。

 ## 專家的建議

因虧損連連而需轉型或節省人力時，可依法資遣員工

臺灣的勞基法是比較偏重保護員工的工作權，因此，如果沒有符合勞基法所規定的相關理由，雇主是不能任意解僱員工的。在勞基法所列的少數幾項理由當中，的確允許公司因為虧損連連，基於經濟性的理由而資遣員工。

不過，要特別提醒中小企業的老闆、人資和主管：所謂的「虧損」，根據法院的要求，如果只是連續幾個月，或是短短一兩季的虧損，都不能算是真正的虧損！在勞基法上，一家公司要經過一兩年的長期虧損，才能主張自己是不堪累賠，法院也才能同意公司資遣其員工。因此，中小企業主在僱用員工之前，得非常謹慎評估人力需求；一旦僱用了一位員工，未來公司經營不善或面臨短期虧損，老闆就算想要資遣員工以求生存，也不是容易辦到的事。

以調職、教育訓練等方式，保障員工工作權

　　我國勞基法比較保障員工的工作權，因此，即便公司虧損連連而需要資遣員工時，也必須先試著採取調職、施予教育訓練等方式，讓老員工學習新技能，以便順利轉換新的工作職務；如果公司沒有遵循前述的方式，就直接資遣老員工，通常也會被法院認定資遣違法。

　　本書在其他案例的討論中也提過，即便公司虧損連連，需要進行業務轉型或部門整併，如果在同一時期或前後時期，還透過徵才網站或報紙媒體，大肆招攬新員工，就算公司找出許多理由自圓其說，法院也會認為公司是以虧損或業務轉型作為藉口，企圖達到請老員工走人，而節省公司給付退休金的目的。

第 6 章

員工蹺班跑哪去？何種行為算曠職？

　　經營一家企業，畢竟跟經營慈善機構是不一樣的。企業設立的目的，就在追求成長跟獲利，讓自己的經營逐年壯大，累積更多的資本與實力。也因此，經營企業最怕遇到尸位素餐、占盡公司便宜卻不認真做事的員工；從一般人的角度來看，這樣的員工也不值得公司養他一輩子。

　　從勞雇契約的角度來看，領公司一份薪水，正常出勤上下班本來就是員工最基本的責任。如果員工上班時間不出現，甚至經常曠職，公司除了依照請假辦法或工作規則予以扣薪或申誡記過之外，如果還不能把這種員工開除，也太不近情理了！我國勞基法第 12 條第 1 項第 6 款規定，員工如果「無正當理由繼續曠工三日，或一個月內曠工達六日者」，公司可以直接把他開除，也是這個道理。

　　本章針對連續曠職的主題，特別提出幾個值得深入討論的案例。其中之一，是員工因公受傷二年多都沒來上班，但照領薪水，公司可否以曠職為由把他開除？另外，對於懷孕的媽媽，雖然公司應該多體恤一些，但如果員工不按規定請產假，是不是也算曠職呢？還有，不少從事業務工作的員工，因為工作性質的關係，或者觀念上認為業務工作就是要在外面跑，又或者仗著自己業

績佳，久久才出現在公司打卡一次，這種情形能不能算是曠職？

　　上述的例子，經常會發生在日常工作實務中，而且一定讓很多人資跟中小企業主管非常頭痛，不知如何處理。本章所討論的幾個判決，應該能夠提供公司主管參考，並在管理業務人員時找到較佳方案。對於從事業務工作的人員，筆者也在專家建議部分，提出若干建議，以避免造成公司主管或同仁的不良印象，或甚至還遭到公司開除。

6-1 員工受傷後兩年多都沒再來上班，公司可否解僱他？

Q 如果公司僱了這樣的碼頭裝卸工，是不是可以依法開除他？

- 七十歲高齡，因公受傷休養兩年多，都未復工；
- 員工沒有持續提供診斷證明，而繼續休假；
- 公司有情有義，這兩年多以來除了打電話關心，都持續按照平均工資給付。

( )A. 公司如此有情有義地慰問、致電，還給付工資，員工卻連診斷證明都無法提出，開除合法！

( )B. 員工因職業災害受傷，值得同情，公司應再多等待一些時間，不應開除！

( )C. 員工如果恢復到可做簡單的工作，公司與員工可以一起想想有什麼兩全其美的辦法。

案情摘要及爭議說明

裝卸公司 v. 碼頭徒手裝卸工

（臺灣高等法院 104 年度勞上易字第 125 號）

一名七十高齡的工人，工作內容是在港口碼頭從事貨櫃掛勾

工作。工作方式是先從貨櫃門爬上貨櫃，徒手把勾子勾住貨櫃上的掛勾，勾好固定後再由貨櫃門下來，之後就可由操作吊車的人把貨櫃吊掛上船。某日，這名工人在完成掛勾任務後，竟不小心從貨櫃上墜落地面，導致腳骨折，經醫院診斷需休養一年到一年半。

在這名員工待在家休養的兩年期間，公司都持續按照原領工資給付薪水，定期致電關心、慰問，了解是否能復工，然而，這名員工受傷不到一年，就不再向公司提出診斷證明及請假的申請；如此過了兩年，公司要求這名員工復工或提出診斷證明，但員工還是置之不理，依然拒絕復工，也沒有申請繼續休病假。因此，公司便以這名員工曠職三日為由，將他開除。

法院判決

判決結果：公司勝訴，解僱合法！

法院會做出這樣的判決，理由如下：

一、醫院回函，員工經治療休息後已可從事輕便之工作

依照勞工安全衛生法規定，所謂職業災害，是指員工因執行職務相關行為，而發生疾病、傷害、殘廢或死亡。法院指出，這名碼頭工人是在工作時從貨櫃上墜落地面，造成腿骨折受傷，所以確實是屬於職業災害。

不過，法院在審理時也詳盡地調查證人，並檢視相關資料，

而認定員工其實可以開始從事一些輕便的工作。以這名受傷員工來說，他在港口所從事的工作，除了幫貨櫃進行掛勾，讓操作吊車的同事能進行吊掛貨櫃作業以外，也包括協助處理雜物、運送紙箱等等，所以從工作內容來看，並不是全部都屬於繁重的工作，也有輕便的工作。依照醫院提供的回函，上面寫著「病患（即碼頭工）手術後約需休息一年至一年半，復健治療後可從事輕便工作，目前應該可恢復一般正常之工作能力……。」因此，經過治療與休息後，雖然這名工人還沒有完全恢復，腳骨仍會有痠痛的現象，但已經可以開始從事輕便工作。

二、員工回復工作能力後，公司要求復工，但員工置之不理，即屬曠職

　　公司在這名員工受傷兩年後，還是希望他能回來工作，因此公司主管曾經打電話給這名受傷員工，並告訴他：「如果你再不出來做，公司就沒有辦法再補貼你，已經兩年了。」

　　法院指出，公司在員工回復輕便工作能力時，已經要求他復工，但這名員工仍置之不理，不回來上班復工，此時，公司以他「無正當理由連續曠工三日」予以開除，於法有據。

 專家的建議

一般傷病及公傷病假應依照勞基法及「勞工請假規則」

　　依照勞基法的規定，勞動主管機關已經制定了「勞工請假規

則」。根據這個規則，勞工如果是因普通傷病而有請假的必要時，一年最多可以請三十天的病假；一旦可請病假的天數用完了，就需要依序改請事假或以特別休假來抵充。萬一這些假都請完以後，還是尚未恢復，仍可以申請留職停薪，但期間最多也只有一年。換句話說，如果一年的留職停薪期間屆滿以後，仍沒有回來上班，雇主就可以依勞基法終止雙方的勞雇關係。

　　不過，上述情形適用於員工的普通傷病；如果員工是因公受傷或生病，也就是一般所謂的職業災害，這時在治療休養期間，員工是可以請公傷病假，甚至可以要求公司支付勞保給付不足的差額。此外，這種因公受傷或生病的情況，萬一拖得比較久還沒復元，公司也不可以因此解僱員工。此外，要特別提醒勞雇雙方注意：依照勞基法59條1項2款規定，勞工在醫療中不能工作時，雇主應按其「原領工資」數額予以補償。而平均工資(計算依勞基法第2條)與原領工資(計算依勞基法施行細則第31條)的計算金額可能會有高低之差。

如對員工屢屢申請公傷病假有疑慮，可要求至指定專業院所評估

　　上述的勞基法等相關法令，將「普通傷病」跟「公傷病假」分開來處理，而給予因公受傷生病的員工較好的保障，本來也言之成理。只不過，實務上曾經發生：員工因為「公傷」的小病小傷，就鑽法律漏洞，故意去尋求一些小診所或小醫院的協助，拜託醫生開立一張休養期間比較久的診斷證明，讓自己在家裡休息，還可以白領薪水，不用回去上班。這種情形，對於奉公守法

的公司，尤其是中小企業來說，不僅不公平，也很可能造成公司營運的困難。

　　因此，公司如果對於員工提出的診斷證明有疑慮時，其實可以在公司的事病假請假辦法中，要求員工前往設有職業傷害專業門診之醫療院所，針對工作能力進行評估；或者，公司也可以根據勞工保險局核給的職業災害傷病給付及其日數，認定員工是否已經逐漸復元，而可以開始回公司上班了。當然，如果員工雖然已經可以回來工作，但仍需要定期前往醫院進行復健時，公司依法仍應給予復健時間的公傷病假。

曠職連續三日，或一個月曠職六日，可以解僱

　　在本次討論的案例中，這家公司其實相當體恤受傷的員工，讓他可以一直以公傷病假的理由在家休養兩年多。這期間公司也經常打電話關心員工的復元情形，而員工其實也逐漸地恢復健康當中；按理說，就算不能回來從事比較粗重的工作，也可以改處理一些比較輕便、不需耗費太多勞力的工作。

　　在這種情形下，如果公司已經通知員工回來上班，就算員工覺得自己的身體還沒恢復到可以上班的地步，也不應該對公司的要求相應不理，而應該積極地前往醫療院所進行檢查、鑑定，取得具有公信力的診斷證明，並且依法及依規定繼續辦理請假才是。否則，一旦經過合理的期間，法院就可能會支持公司的立場，認定此時員工的曠職已經超過連續三日，而判定雇主開除合法。

6-2
員工請產假卻沒遵守請假程序，算不算曠職？

Q 如果公司有這樣的員工，是否可以將她開除？

- 因早產住院，公司關心並詢問是否需將產假提前，她卻置之不理；

- 在預定的產假結束過後許多天，仍然沒有回到工作崗位；

- 事後才向公司表示：要在自己所指定的日期，補請特休假。

( )A. 女員工懷孕生產是很辛苦的，請假疏失也是情有可原，不能直接開除。

( )B. 員工沒有依照法定程序事先請假，一律以曠職論，所以依法可以開除。

( )C. 員工事後以特休假補請，表示已經知錯了。

案情摘要及爭議說明

牙醫診所 v. 懷孕女員工

（臺灣高等法院 106 年度勞上易字第 44 號民事判決）

有一位懷孕女員工在牙醫診所擔任助理。她事先在二月初申

請產假，產假日期預定是從三月十六日到五月十一日。

　　不料，在她請假之後，卻在預定的產假日期前發生早產現象，而至醫院就診並住院三天。當時這名助理用通訊軟體發訊息告知老闆，老闆很體貼地叮嚀她：「沒關係，先休息一下。」其後，診所打電話建議她把產假的時間往前挪，但這名員工卻置之不理。

　　想不到，在這名助理原本申請的產假期間結束後（也就是五月十一日後），她還是沒有回診所上班。因此，診所乃在五月十八日寄出存證信函，通知她因為連續曠職六日以上，將她解僱。這名助理回寄了存證信函給診所，表示她要申請特休假，日期是從五月十一日到二十日。然而，診所仍認為她已經構成曠職，因此在六月一日再次回函，仍然決定將她解僱。

法院判決

判決結果：解僱合法！

一、依照當時法規，員工請特休假應先與雇主協商排定，而非任意片面指定日期

　　依照本案發生當時的勞基法規定：為了兼顧勞資雙方的權益，避免工作開天窗或沒有適合的人員代理，員工請假必須依照法定程序。因此，就算員工真的有請假的正當理由，但如果沒有依照程序請假，也仍然構成曠職，雇主是可以依法開除員工的。

　　此外，依照案件當時的勞基法，雖然員工在工作一段時間後，

依法享有特休假，但是依照勞基法施行細則的規定：員工休假日期仍然應該與雇主協商排定，並不代表員工可以自己逕行指定休假日期。

　　在本案中，這家診所訂定的工作規則，已經針對請特休假有詳細規定，例如「請特休假須提前一個月提出申請，同單位不得同時二人以上排休，但診所有優先安排輪休權利」；另外，「請特休假由勞資雙方協商排定，如休假理由足以妨礙業務者，主管經與勞方協商後，得不准假或縮短或暫緩休假時間」等，因此這名助理就有依照該請假程序申請特休假的義務。

二、事後補請特休假不符程序，依曠職三日開除合法

　　法院指出，這名助理最初申請的產假日期，是三月十六日到五月十一日，而從五月十二日之後，她並沒有依照程序請假。因此，確實構成曠職。

　　雖然這名員工在收到診所的存證信函不久，就表示要申請特休假，但法院指出，這些是員工自己單方面指定的日期，並沒有事先和雇主充分協商，並且也屬於事後補請特休假，而不符合勞基法或診所工作規則的規定。因此，診所在六月一日主張這名助理曠職而將她解僱，為有理由，也符合勞基法規定的三十日期間，所以解僱合法。

專家的建議

員工曠職三日以上，公司依法須在三十天內予以解僱

需要特別注意的是，如果員工真的發生了曠職三日的情形，公司必須在法定的三十天期限內把他開除，否則就算事後想要「補」開除，都會因為不符法律規定而讓開除無效。

上述的三十天期限，在法律上稱為「除斥期間」，所以是不能夠把例假日、國定假日等休假期間扣掉的。舉例來說，如果某位員工在十二月十八日已經曠職達三天，而之後雖然經過了幾個例假日，甚至還有元旦假期或補假，但公司依法還是必須在一月十七日以前開除（也就是說，一月十六日是最後可以開除的日期）。一旦到了一月十七日以後，公司就算想要有任何動作，也為時已晚。

員工請特休假或其他假別等，需符合法律規定的請假程序

勞基法雖然是比較保障勞工權益的法規，但也不表示勞工的權益是漫無限制的，而必須同時考量公司的經營管理。在員工請假的規定上，臺灣的勞基法令有很詳細的規定，主要就是要設法兼顧勞資雙方的權益。畢竟，臺灣的中小企業占了絕大的比例，而許多小型的公司跟行號僱用的人員都不會超過五個人，因此，在人力調度上有其困難。

考量到上述的狀況，過去勞基法及許多公司的工作規則，都會要求員工在請特休假之前，必須先確保能有適當的人選代理其

職務，或者事先與部門主管或老闆商議，但現行法規僅要求：依照勞工請假規則，員工請病假於上班前電話申請，如有急病或緊急事故之情，亦可委託他人代辦請假手續，並於上班後提出診斷證明書即可，毋須找人代理其職務。當然，隨著勞工權益呼聲日漸高漲，未來法規也可能有變動，但不論如何變動，員工都要注意：請假一定要遵守法定程序，才不會丟了飯碗！

6-3 在外跑業務來不及回公司打卡，是否屬於曠職？

Q 如果公司有這樣的保險業務員，是不是可以依法開除他？

- 用不當話術招攬保險，未經保戶同意而代保戶簽名；
- 沒有依照規定打卡上下班，甚至也沒有遵循公司慣例，先致電跟主管報告，請主管幫忙打卡；
- 雖然的確有拜訪、服務客戶的事實，但是連續三日沒到公司打卡。

( )A. 不管是不是在外跑業務，都應該回來打卡，以利公司管理，沒打卡或沒報備，就是曠職！

( )B. 業務員本來就是在外面爭取業績，硬性要求打卡的規定，未免太沒有彈性了吧！應該不構成曠職。

( )C. 相較於打卡，業務員不擇手段招攬客戶，甚至違反工作規則，這才是比較嚴重的事。

案情摘要及爭議說明

保險公司 v. 業務組長

（臺灣高等法院 101 年度勞上字第 32 號）

　　某家保險公司的保險業務員「管理辦法」規定：業務員不得委託他人代簽到或打卡，如因故必須請假者，應事先填具請假單；如因特別情形不能事先填寫請假單者，應於銷假上班後一日內補送假單，否則均以曠職論。不過，公司也一直有通融的慣例作法，那就是：業務員如果無法回公司打卡，可以打電話向主管報備，再由主管代其打卡。

　　該公司有一位保險業務員，身兼部門的組長，在公司內卻犯錯連連，包括：為了達成業績，以自己的名義擔任要保人及被保險人，並且以不當話術招攬保險，甚至還未經保戶同意而代其簽名。結果，遭公司認定其違反工作規則，而將他記過、扣薪。某一年的二月十四日到十七日之間，這名業務員在其中兩天的確有外出服務已經投保的客戶，但是都沒有到辦公室打卡的紀錄，也沒有依公司規定，先到班打卡再外出，或者在下班時返回公司打卡，中間也都沒有打電話向主管報備。

　　根據該公司的業務員管理辦法規定：縱使業務員是在外服務保戶，或者出外拜訪客戶，但是只要沒有打卡或是請假，還是屬於曠職！因此，該公司以他連續曠職三日為由，把他開除。業務員則主張：他確實有在外工作，只是沒有回公司打卡而已，公司這樣的解僱並不合法。

法院判決

判決結果：保險公司勝訴，解僱合法！

一、員工上下班出勤應依相關規定

　　本案中，該名業務員的保戶出面作證，證明該業務員確實有在二月十四日、二月十六日外出服務已經投保的客戶。不過，法院還是認為業務員構成曠職，法院的理由是：當員工有工作以外的其他事務，必須親自處理時，雖然屬於有正當理由而可以請假，但也還是必須依照法定的程序辦理請假手續。如果員工沒有依照程序辦理請假，就算是有正當理由，還是會被法院認定為曠職。員工雖然可以依法請假，但也必須兼顧公司在管理上的權益；因此，如果員工無正當理由連續曠職三日，依照勞基法規定，公司是可以直接不經預告、把員工開除的！

　　本案的保險公司，在其員工管理辦法中，對於上下班打卡有詳細規定；不管是不是外出拜訪客戶，或是在外處理公務，依照規定都需要回來打卡，或是跟主管報備，請其代為打卡。

二、工作規則未必需經個別員工同意，仍具約束力

　　本案保險公司的工作規則中規定：新保戶在體檢之後，如果沒繳費，或者被拒保，或撤回其保險契約時，保戶需自行負擔體檢費用。該名被開除的業務員，曾經用自己的名義投保，事後又撤回保險，因此被公司收取體檢費用，並直接從業務津貼裡面扣除。然而，這名業務員認為：這個工作規則沒有經過他的同意，所以不需要遵守。

　　但是，法院指出：依照勞基法規定，勞雇契約不可能完全涵

蓋所有勞雇雙方都應該遵守的事項，因此，一般公司的實務作法，都會另訂定工作規則讓員工遵守。這些工作規則的內容，只要沒有違反法令強制或禁止的規定，而且有公開給員工知悉或經過員工同意，就可以拘束所有的員工，而不需要再經過個別勞工的同意。

　　因此，公司依照工作規則，向業務員收取體檢費，並從業務津貼中扣除，並不違法。

 ## 專家的建議

為管理員工，可依法訂定出勤或打卡等合理工作規則

　　一家公司要管理那麼多的員工，不可能針對每個員工都簽訂一本厚厚的勞雇契約，來規範雙方之間的權利義務，因此，很多公司是透過工作規則的訂定和修訂，把員工應該遵守的公司紀律和遊戲規則講清楚、說明白。這些工作規則，大多是跟員工出勤、請假及違規處罰相關的規定，如果已經公告給員工周知，甚至還費工夫讓個別員工能審閱簽署，那麼，法院對於這些工作規則的態度是：只要符合了合理原則和比例原則，也遵守解僱的最後手段性原則的話，一般都會認定有效。

　　當然，如果公司的工作規則過於嚴苛，不合情理，或者違反了比例原則，甚至違反最後手段性原則，或者從來不曾公告讓員工知悉，這時法院就會認定這些工作規則不具任何拘束力。

　　根據比例原則和最後手段性原則，公司在制訂工作規則時，

必須依照員工犯錯的輕重情況，由輕而重，訂定符合比例的處罰方式，例如：調職、扣薪、降職等。如果用盡了一切懲戒的手段，員工還是無法服從管理，或者公司已經無法有效地指揮員工，這時公司就算把員工開除，也能得到法院的諒解和支持。

當然，有規定，就會有漏洞。在本案中，這名保險業務員就是明顯地在鑽漏洞。根據同事的說法，這名業務員顯然熟知勞基法有關「曠職連續三天會被解僱」的規定，所以經常在曠職一兩天後，又跑回公司打個卡交差。面對有這種行為的員工，雖然不能立刻依法將他解僱，但也建議公司依照工作規則，施以申誡、記過、降職、減薪等必要的懲罰。畢竟，根據法院的實務見解，如果對於員工的小錯從來不加處罰，反而會被法院認為公司已決定包容員工的所做所為，從而不能事後以翻舊帳的方式處罰員工。因此，如果對於員工遲到、早退或曠職，能及時予以符合比例的處罰，待累積一定數量的大過小過以後，再予開除，相信也能得到法院的支持。

員工如無法趕回公司打卡，應依規定報告主管

其實，員工是公司最重要的資產，如果員工為了公司業務在外打拚，無法及時趕回公司打卡上下班，相信大多數的公司都會諒解，並且還會大大地感激員工！因此，在實務作法上，不少公司是直接在出勤和請假辦法中規定，如果員工因公在外來不及上下班打卡，可以向主管報備，而由主管批示同意或代為打卡，或者讓員工在事後補打卡。類似的規定合乎情理，所以於法有據，

也能得到法院的支持。

　　因此，即便員工是因公在外服務或拜訪客戶，還是必須遵守公司的工作規則或出勤規定，切記：外出辦事最好事先告知主管，這不僅是一種禮貌，而且讓主管能夠有效地管理及掌握員工出勤的狀況；如果真有來不及回辦公室打卡的情況，也應該依規定及時報告上司或同事，一來不會被誤認是打混摸魚，二來也不會因此構成曠職，而遭到公司處罰。

6-4 司機經常蹺班，半天不見人影，公司可以解僱他嗎？

Q 如果公司僱了這樣的送貨司機，是不是可以依法開除他？

- 送貨途中溜班，私自跑去開計程車賺外快，助理同事只能自行送貨；
- 每週蹺班一兩次，一蹺班就大半天不見人影，此種情形長達半年之久；
- 司機經常蹺班，嚴重影響到公司的送貨進度。

（　）A. 這種領錢不做事、還利用上班時間賺外快的員工，當然應該直接開除！

（　）B. 員工一週蹺班一兩次辦點私事，而且也讓助手幫忙了，應該沒有嚴重到需要予以開除。

（　）C. 如果我是老闆，就連送貨助理也一併處罰，怎麼可以知情不報，讓違規情形持續超過半年。

 案情摘要及爭議說明

烘焙原料公司 v. 送貨司機

（臺灣高等法院高雄分院 98 年度勞上字第 16 號）

　　某位司機受僱於一家烘焙原料公司，擔任送貨員長達十一年之久，工作的方式是和另外一位助理一起搭配送貨。不過，在任職十年後，這位司機就開始以有要事需處理為由，讓助理單獨送貨，而且也沒交代工作內容，就自己先跑掉了。這種情形約一個星期發生一兩次左右，每次約有半天送貨時間不在，而且狀況長達半年多。某天，司機又沒有交代助理工作內容以及送貨路線，就蹺班離開，最後被老闆抓包，原來是司機自己私底下兼開計程車，並且還接受電話叫車服務。

　　老闆對於司機的蹺班行逕火冒三丈，當天，等司機回到辦公室，就以司機違反公司的「人事行政管理規章」及忠實義務，直接開除司機。司機雖然也承認自己偶爾有蹺班之舉，但主張處理私務在所難免，認為老闆直接把他開除並不合法。

⚖ 法院判決

判決結果：公司勝訴，解僱合法！

　　根據勞基法的規定，員工如果違反工作規則或勞動契約情節重大，公司是可以依法開除員工的。

一、蹺班處理私人事務或兼營其他業務，不僅違規且違反忠實義務

　　這位司機在法院上堅持表示：他已經將運送路線及貨品向助理交代完畢，才離開處理私人事務，並沒有耽誤公司運送業務，

但是法院並不接受這種說法。法院認為，司機自始至終欠缺自覺，沒有意識到運送貨物對於公司的重要性，也毫無反省之意。此外，這位司機經常利用送貨時間處理私人事務，等於是領公司付的薪水，處理自己的私務，顯然違反了忠實執行職務之義務。如果還要求雇主只給予記過或扣薪，繼續容忍這樣的行為，那就是變相鼓勵其他員工在上班時間蹺班，會嚴重破壞公司的管理制度。

二、員工嚴重違規易使他人起而效尤，情節重大可直接開除

　　本案烘焙原料公司的「人事行政管理規章」第二十四條規定：「上班時間內，不得辦理私人事情」，也就是說，上班時間當然要為公司業務效力，不可以領工資而蹺班去辦個人的私事。而這名送貨司機蹺班去開計程車、到銀行辦事，當然已經違反公司的工作規則。法院也認定，這樣誇張的蹺班行為，已經屬於違反工作規則而且「情節重大」，所以開除是合法的。

 專家的建議

違規如嚴重影響公司營運，較易認定屬情節重大

　　公司不分大小，如果訂有工作規則，就必須按照員工違規的情節輕重程度，予以相對應的合理處分。因此，如果在工作規則中明訂員工遲到屬於情節重大，公司甚至可直接開除，就算是白紙黑字的規定，也會因為違反比例原則跟解僱最後手段性原則，

而被法院認定是無效的。

　　不過，從本件案例跟先前討論過的案例來看，員工的違規如果已經嚴重影響到公司的生產或營運，讓公司經營發生困難或受到損害，這時法院通常都會認定為情節重大，並且無法繼續勞僱之間的關係。此時，公司已經不需要再對員工施以降職、減薪、調職等其他較輕程度的處分，而可以直接予以開除。舉例來說，本書前面提過某工廠特定部門的資深員工，經常情緒不穩，辱罵新進員工或與其他部門的員工發生爭執，而導致部門的生產效率低落，甚至嚴重影響團隊合作的氛圍，這時法院就會允許公司直接予以開除。

工作規則應明確，用字不模糊

　　公司在訂定工作規則的時候，必須遵守相當原則和比例原則，才不至於被法院認定為無效。然而，如果公司連工作規則都沒有訂的話，就會發生「無法可罰」的狀況：因為，在員工做錯事的時候，由於沒有任何規定可以引用，所以公司根本罰無可罰！這在本書所討論的其他案例中就有發生過。

　　因此，公司在設立初期，應該訂定工作規則，讓員工跟公司都有法可循。當然，對於哪些行為屬於違規，而應該施以何種程度的處罰，都應該盡量明確一點，以避免將來跟員工發生爭執甚至訴訟。例如，對於員工的遲到，最好設有一定的寬限時間，規定在五到十分鐘內不算遲到或不會處罰，一旦超過寬限期間，就記為一次遲到甚至予以一次警告或申誡。這樣明確的規定，如果

員工違規被處罰，也不會有話可說。反之，有些作風老派的公司強調溫良恭儉讓，在工作規則中使用比較含糊的詞彙，例如，明明就想禁止婚外情或收受賄賂，但偏偏不直接明講，反而用類似「行為不檢」的文字來模糊規範。這在現代依法行政的概念下，被處罰的員工極可能因此質疑公司的規定不夠明確，導致爭執或訴訟。

第 7 章

公司有錯在先，員工可否「開除」公司？

　　本書的前面各章，都是在討論公司是否能合法解僱員工，但如果只允許公司單方面擁有解僱的尚方寶劍，而不允許員工在特定的情況下，「開除」吃人夠夠、違法濫權、甚至不懂情緒管理的老闆或公司，好像也不合情理。

　　舉例來說，在金融海嘯期間，就有不少企業因為訂單減少，而跟員工協議放無薪假。結果無薪假一放再放，有員工因此幾個月不能到班，沒有薪水養家，甚至回到公司一看，才發覺自己是唯一一個還在放無薪假的人。像這樣濫用無薪假的公司，員工能不能主動依法終止彼此的勞動關係，並且請求資遣費？

　　本章所要討論的判決，就是針對公司犯錯，而員工主動終止僱傭契約的相關案例。這其中，有詞嚴厲色的主管，當著其他員工的面，要員工自己捲鋪蓋走人的；另有一個案例，則是公司擅自把薪資和獎金制度改來改去，造成員工實際遭到降薪，因此員工主張公司違法、而主動終止僱傭契約。

　　此外，由於現代職場上男女同事之間的互動頻繁，時有職場婚外情的糾葛。員工如果發生婚外情，雖然有時受影響的只是員工個人，但萬一當事人兩造都是公司內部的員工，不僅常會造成公司團隊士氣低落，也會讓

公司管理上發生困難。這種原本單純涉及員工私德的情形，一旦影響公司的營運管理，都會讓很多企業面臨不知如何處理的窘境。

雖然有些公司可能會在工作規則中明訂禁止婚外情，但在這種情況下，公司是否有權主張，員工婚外情屬於勞基法第 12 條第 1 項第 4 款所規定「違反勞動契約或工作規則，情節重大」的情形，而可將之合法開除呢？不無疑問。本章特別收錄了兩個案例，一個是女稽查與公司業務員發生婚外情而被調職，另一個則是機師因為婚外情而被停飛，以深入討論勞雇雙方在這種情況下應有的權利義務。

7-1 因婚外情鬧上報，被公司命令停飛，機師離職有理由？

Q 如果一名機師遭到公司以下的對待，是否可以離職並請求資遣費？

- 遭遇婚外情風波，公司不僅沒派人關心機師，也沒提供任何心理輔導；
- 此外，公司還以有婚外情為由，命令機師無限期停飛；
- 停飛期間，不付機師空勤津貼，只付三萬元底薪。

( ) A. 竟然只因婚外情就下令停飛，還只給微薄底薪，當然可以依法離職並請求資遣費！

( ) B. 婚外情鬧上報，影響公司形象、工作情緒，甚至危害飛安，公司的停飛命令合理合法。

( ) C. 在忙碌的工作中，因為同事的婚外情多了茶餘飯後的八卦可聊，也算能夠調劑工作壓力。

案情摘要及爭議說明

航空公司 v. 婚外情機師

（臺灣臺北地方法院 100 年度勞訴字第 230 號）

　　某位已婚的航空公司機師，與購物頻道女主持人發生婚外情，機師的妻子派徵信社抓姦，並憤而控告女主持人妨害家庭；女主持人則反告機師的妻子犯了傷害罪，整個事件被媒體大幅報導，鬧得沸沸揚揚。

　　在媒體首次刊登新聞隔幾天，該名機師就以工作安全考量為由，主動向公司申請一個月的無薪假。一個月後，公司認為婚外情風波還沒有平息，而機師的狀況仍然不適合擔任飛航勤務，因此依照公司內部制定的「員工涉及他人投訴事件協調辦法」規定，與機師開會討論後，決定停止這名機師的飛行任務，並請他比照地勤人員的作業方式刷卡上下班；機師也在公司相關溝通紀錄簽名確認，沒有表示異議。

　　過了幾個月，婚外情事件終於落幕，機師妻子同意與機師和解、簽署離婚協議並撤回告訴。然而，機師覺得停飛前他每月可領的薪資達十餘萬元，公司卻以他婚外情為由下令停飛，不支付空勤津貼，僅支付基本薪資三萬元，已經違反勞動契約。機師因此寄出存證信函表明離職，並起訴請求公司支付資遣費。

⚖️ 法院判決

判決結果：公司命令停飛合法，機師的主張無理由！

一、公司確實訂有工作規則，並公告於網站供員工查閱

　　針對員工的感情糾紛，可能損及公司名譽的情形，這家航空公司特別訂定了所謂的「員工涉及他人投訴事件協調辦法」，

明確提到「員工與他人間之感情糾紛，可能影響或損害公司名譽……」一事，顯然公司了解類似情形與公司對外形象的關聯性。

法院認為，一家公司如果希望員工能遵守工作規則，就應該以適當的方法讓員工知道，並得到同意。航空公司訂定「員工涉及他人投訴事件協調辦法」的目的，是為了要處理員工的感情糾紛，避免影響他人及公司權益，而且該辦法也沒有違反法令的強制或禁止規定；因此，依照勞基法規定，這項辦法確實可以成為公司工作規則的一部分，有效拘束員工。

此外，航空公司已經把上述的協調辦法放在公司內部網站上，供員工瀏覽，所以符合公開揭示的要求；而機師既然可以隨時查閱相關工作規則，應該了解到個人感情糾紛是會對工作及公司形象造成影響的。法院並引用最高法院的見解，指出：員工在知道工作規則的內容後，如果繼續為公司提供勞務，就代表員工已經默示同意了這一份工作規則的內容。

二、命令機師停飛，屬於合法的懲處

法院指出：機師的工作，關係著整架飛機人員的生命，要具備穩定的情緒，才能確保飛行安全。這次的婚外情事件，遭到媒體以「××機師遭停飛　購物台一姊沾不倫　請假一個月」、「購物台一姊泣訴遭強拍裸照　反控機師妻傷害」、「××機師給妻部分財產　妨害家庭案和解」……等標題大幅報導，不但影響到航空公司的聲譽，連機師自己也承認有「工作安全考慮」，因此

主動向公司申請一個月的無薪假，可見此事件確實已經對他的工作產生影響。

因此，法院認定：航空公司是基於企業經營上的必要考量，認為機師無法擔任飛航工作，所以才命令停飛，故屬於合理的決定。更何況，航空公司與這位機師多次來往溝通、面談的紀錄，都有讓機師簽名確認，甚至也已經提供機師在七日內提出申訴的機會，但是機師當時並沒有申訴，也在在讓人感覺機師的確是同意公司所做的決定！由於公司的停飛決定合法，而機師既然跟一般地勤人員一樣只有上下班，沒有從事具有危險性的飛行任務，當然公司可以停止給付這段期間內的空勤津貼，而不會違反勞動契約。

 專家的建議

工作規則可拘束勞雇雙方，應報請核備及公開揭示

由於現代勞務關係複雜，企業規模漸趨龐大，如果受僱人數超過一定比例，公司為提高人事行政管理的效率、節省成本、有效從事市場競爭，通常都會訂有工作規則。依照我國法院的見解，這些工作規則，如果沒有違反法律的強制或禁止規定，當然可以成為僱傭契約的內容，而能拘束勞工與雇主雙方。

根據勞基法的規定，當公司員工人數達到三十人以上時，就必須制定工作規則，並且向主管機關報請核備及公開揭示。在本案中，航空公司採取的是在企業內部網站公告的方式，這在隨時

可以上網的臺灣，是一項省錢省事的方式；因為，只要把工作規則上網，員工隨時想看就能看到內容，公司不用再浪費紙張和人力逐一地對員工講解說明。

也有一些公司會擔心員工沒看到公開揭示的內容，所以乾脆編製成一本員工手冊，交給員工帶回家詳細審閱，並請員工在合理時間內簽署文件，確認並同意手冊所載的工作規則內容。這也是不錯的作法。

提供「外人」申訴管道，以查核員工行為並維護公司形象

員工其實就是公司形象的代言人，如果對外有不當舉動，就可能影響到公司的業務。除了感情糾紛以外，其他常聽到的收受賄賂、怠惰職務，或服務態度不佳等，都會傷害到公司的形象，而且一旦事態嚴重，除了會有媒體報導，甚至可能為公司帶來虧損訴訟的風險！

對於規模較大的公司而言，員工人數可能上百上千，如果要個別地考核員工行為，可能會耗費太多成本。這時，為了保護公司形象並盡速處理相關糾紛，大型的企業單位除了對內設有申訴機制外，也會允許公司以外的人，對公司內部人員的服務或操守提出申訴。以下姑且稱之為「外人申訴」制度。

這種外人申訴制度有許多優點，包括了：公司收到申訴之後，可以先做內部調查，釐清事實。同時，也能讓公司在第一時間傾聽、服務客戶。此外，讓內部員工都知道有這套申訴機制，可提醒員工時時自我警惕，避免行為不檢或怠惰。

此外，對於員工言行不檢而影響到公司業務等情形，既然法院允許公司在工作規則中明訂，作為懲處的依據，因此，建議聘僱人數較多，或經營消費者產品或服務的公司，都能夠參考本案航空公司的作法，將「員工言行不檢、影響公司業務」明訂在工作規則中，並依照情節輕重，給予適當的處罰。

7-2 以婚外情為由遭到調職，女稽核員可否主張公司違法？

Q 如果公司有這樣的員工，是否可以予以開除？

● 身為行政稽核人員，卻和行銷業務員發生婚外情；

● 雙方的配偶鬧到公司，法院還通知公司，要求扣押員工薪資；

● 公司給這名女稽核調職的機會，她卻自己決定曠職，不到新單位報到。

( )A. 稽核人員行為要端正，卻發生婚外情鬧得公司不得安寧，可以直接開除！

( )B. 婚外情是私德問題，和員工的專業工作能力無關，公司不能直接開除。

( )C. 既然公司已經給了調職的機會，自己不去新單位報到，就算是自願離職了吧？

案情摘要及爭議說明

紙業公司 v. 女稽核員

（臺中地方法院 101 年度勞簡上字第 7 號、100 年度豐勞簡字第 13 號）

　　某家紙業工廠的女稽核員，與同廠的男行銷業務員有婚外情，男方太太向公司投訴，指責這位女員工妨害家庭；女方的丈夫也採取法律行動，要公司假扣押這名男業務員的薪資。雙方糾紛不斷，造成公司不得安寧。

　　公司經歷這些事情之後，認為這名女員工已經不適合繼續擔任稽核職務，而決定把女員工的電腦收回。女員工一大早到了工廠，發現自己的電腦主機被搬走，且主管也找她談話，告知：因為她發生婚外情，沒有做到身為稽核人員應該有的自律，主管並直接跟這名員工說，希望她「可以自行離職，比較不會影響公司的聲譽。」

　　女員工馬上從當天起向公司請假三天，到了第四天則是寄出存證信函，表示因為公司違反勞動法令，所以她要終止勞動契約。公司一開始沒有接受，而是回覆一封存證信函，表示公司決定將這名女員工調職擔任其他資料維護工作，地點還是原本同一個工廠，薪資與職等都沒有變動。

　　不過，在公司所訂的報到期限過後，女員工仍然沒有現身報到，公司只好以無故曠職超過三天為由，將她開除。

 法院判決

　　判決結果：解僱合法！

一、員工不能單方面自認遭解僱，而需公司正式通知解僱才生效

　　這名女員工認為，在主管約談她的當天，公司就已經違法開

除她了。然而，法院指出：由於這名女員工的主管，並沒有獲得公司的實質授權，因此根本就無權直接解僱女員工。畢竟，如果公司真的在約談當天就把她解僱，又何必准她請假三天？更何況，公司還在大約一個星期之後，回寄存證信函給這名女稽核員，表示要將她調任負責其他工作，薪資不變，這也都可以證明公司並沒有將她直接開除，而是將她調職。

二、員工擔任稽核工作，應維持個人操守及廉潔

本案的審理法院指出：稽核員在公司裡受到很高的道德期待，應該要注意個人操守及廉潔；而這名女稽核員的工作，常常要查核催收倒帳，原則上應該避免與財務、會計或行銷業務等人員交往過於親密，更不應該發展出不正當男女關係。畢竟，這些財務、會計或行銷業務人員同樣也常常接觸收款業務，因此容易發生與這些人共謀、操作金流的風險，所以稽核員應該要懂得迴避。如果稽核員自己行為都不端正，又如何能把這份工作做好？公司基於企業經營風險及商譽考量，認為她不適於擔任稽核工作，也是很合理的決定。

此外，法院也指出：該公司作為上市櫃公司，為了申報重要訊息，在女稽核員使用的電腦中，原本就裝有證券交易所的「公開資訊觀測站電子申報系統」。為了保護電腦內的重要訊息，公司在發現女稽核員不適任後，將電腦收回，並且將她調職，也是合理的處理方式，並沒有違反勞基法的規定。

法院因此認定：公司相關處置既然沒有違法，女稽核員當然

不能主張公司有違法在先，而單方面終止勞動契約。反而，女稽核員自己無故不到新單位報到超過三天，才構成曠職解僱的理由。

 專家的建議

判斷員工離職與否，法院通常採信書面通知或申請

在之前討論的許多案例中，我們常看到員工與主管因為言語衝突，導致員工主動開口說要離職，或主管當場要員工滾蛋的情緒言論。不過，吵架的情緒用語，不見得具有法律效果。因為，發完脾氣的員工，也可能認為自己只是情緒發洩，並沒有真正想離職的念頭。因此，公司如果為了保險起見，最好能在當場或事後讓員工簽署自願離職的申請書，以免員工事後反悔，而公司舉證困難，最後雙方還得申請勞資爭議調解或鬧上法院。

反過來說，對於主管在氣頭上要員工滾蛋的言語，員工也不應該全然信以為真，以為自己被違法開除了。畢竟，出言開除員工的主管，到底有沒有取得公司的授權，還是一大疑問；更何況，勞基法其實是採取比較保護勞工的立場，如果員工的行為並沒有違反勞基法的相關規定，公司真要開除，還可能因此違法！遇到類似的情形，員工保護自己權益的方法是：不要輕信公司主管的情緒言論，而因此就真的不到公司上班，讓公司有機會主張員工連續曠職！如果公司真的主張依法開除員工，員工就應該設法讓公司提供正式書面的開除通知或證明，這樣才能在事後當作公司

違法開除的證據。

若干職務的操守標準較高，一旦違反，極可能構成調職或解僱的理由

　　從這個判決來看，對於公司內部員工彼此發生婚外情，法院原則上認為這是屬於私領域的行為，因此公司不能只是因為發現員工婚外情，就加以開除或調職。不過，如果是公司的稽核、業務、出納或財務人員發生婚外情，這時公司是可以採取調職或甚至更嚴厲的處分。因為，法院認為，對於這些會涉及金流的高風險職務，公司的確是可以採取比較高的操守規範！

　　在實務上，有不少公司要求：為了避免發生徇私舞弊，夫妻或家人不能在相同單位工作；甚至，在同一部門任職的男女朋友，一旦結婚，也會將其中一人調離現職。如果員工不服鬧上法院，而員工擔任的職務涉及金流等高風險時，法院或許也一樣會支持公司的調職決定。

7-3

公司擅自變更獎金薪資制度，員工是否可以「開除」公司？

Q 如果你在這樣的公司上班，是否可以主張公司違法？

- 面試 A 公司的業務一職，結果發現公司把你投保在 B 公司名下；

- 任職一段時間後，事前沒告知或徵得同意，就直接又把你改掛 A 公司的勞保；

- B 公司沒有事先跟員工溝通，擅自修改獎金規定，甚至還短報勞保薪資。

（　）A. 員工明明是應徵 A 公司的工作，卻被投保在 B 公司名下，掛羊頭賣狗肉，根本就是欺騙員工，員工當然可以主張公司違法。

（　）B. 公司為了節稅及做帳方便，往往會在同一地址登記好幾家公司，實務上滿常見的，沒有欺瞞的問題。

（　）C. 管他 A 公司或 B 公司，只要如期支付薪水及獎金即可，但若未經溝通而直接刪減獎金或薪資，那可是完全無法接受的。

案情摘要及爭議說明

健康美容公司 v. 業務

（臺灣高雄地方法院 97 年度雄勞簡字第 12 號）

　　有一名員工前往 A 公司應徵業務人員，由 A 公司的總經理擔任面試官，並錄取這名員工。員工到職後，於隔年年初收到薪資扣繳憑單，才發現公司把他的勞保掛在另一家 B 公司。這名員工詢問會計人員，才得知 A 公司和 B 公司是位在同一個辦公地點，投保單位不同只是為了方便公司做帳用。

　　這名業務員工作一段時間後，又發現 B 公司擅自把他的投保單位變為 A 公司，甚至還短報投保薪資。再過了一段時間，B 公司竟然在沒有告知員工或取得員工同意的情況下，自行變更公司的獎金制度，讓這名業務員非常不滿。於是他在得知獎金制度變更的一個多月後，寄出存證信函給 B 公司，終止雙方的僱傭契約，並向公司請求支付資遣費及短報薪資的損害賠償。

　　對於業務員的主張，B 公司則反駁：當時面試時，錄用這名員工的是 A 公司總經理，根本與 B 公司無關。此外，公司雖然為了做帳需要而變更投保單位，但業務員當時並沒有表示反對；況且，業務員在得知獎金制度變更一個多月後，才主張終止雙方契約，這已經超過法律規定的三十天期限，所以員工不能片面終止僱傭契約。

法院判決

判決結果：公司擅自變更獎金制度確屬違法，但員工未在三十天內終止契約，不能請求資遣費！

一、員工確實在 B 公司任職，但主張公司違法需符合三十日法定期間

根據勞基法的規定，如果公司違反法令或違反僱傭契約時，員工可以在三十天內終止僱傭契約，並向雇主請求資遣費。

雖然 B 公司主張業務員一開始是應徵 A 公司的員工，所以主張業務員告錯對象，但這個論點並不被法院接受。因為，這兩家公司根本就是設在同一個地址，員工在業務上也是互相支援，甚至也同時受到 A、B 兩家公司主管的指揮監督，所以 B 公司的確在法律上是業務員的雇主。

法院並進一步指出：公司如果片面地變更獎金制度，而沒有事先徵得員工同意，的確已經違反勞基法，而員工也可以據此終止僱傭契約。只不過，由於這名員工在得知公司違法後，卻過了一個多月才發存證信函主張終止雙方契約，已經超過法定的三十天期限，所以不能請求資遣費！

二、法律並不禁止公司和員工雙方商議後終止僱傭契約

根據民法的規定，如果雙方對於同樣的一件事達成共識的話，不管是用書面或口頭的方式，是明示或默示，其實就等於達成協議，而雙方都應該共同遵守。

　　雖然在本案中，業務員主張公司違法變更獎金制度，而自己已經發了存證信函，終止僱傭契約，不過，因為他寄送存證信函的時間，已經超過了法定的三十天期限，所以並沒有發生任何終止的效力。

　　此外，法院也指出：雖然業務員的存證信函沒有達到效果，但由於員工自己主動辦理工作交接，而公司也派人接受交接，所以雙方對於僱傭契約終止的這件事，的確是以實際行動達成了「默示」的協議，雙方的僱傭契約也因此而合意終止。

　　法院的理由是：即便公司跟員工剛開始有些不愉快，甚至對於到底是公司違法在先，還是員工自願離職，彼此看法不同，但只要主僱雙方事後透過協商溝通的方式，這時也還是可以修改彼此過去堅持的立場，而協議終止僱傭契約。

 專家的建議

獎金制度的變更屬於勞動條件的重大變更，公司依法應與員工事先協商

　　在許多公司的實務作法上，為了稅捐或者是勞健保的考量，會把薪資拆成本薪和獎金兩大部分；或者，對於某些業務性質的工作，為了激勵員工衝刺業績，因此除了一般的薪資以外，也設置了業績獎金。這些發給員工的獎金，廣義上是屬於員工薪資的一部分，因此如果要變更獎金的計算方式，而結果會造成員工所領的整體薪資降低時，其實就構成了勞動條件的重大變更，公司

依法應該事先與員工協商，達成協議，不能自己片面地加以變更，否則員工依法可以終止僱傭關係。關於此點，要特別提醒中小企業的老闆和主管們留意。

公司如有違反勞基法或勞動契約之舉，員工切記在三十天期限內行使其契約終止權

就算公司的作法違反了勞基法或勞動契約，但勞基法要求員工必須在知悉公司違法的三十天內，就主張終止僱傭契約，否則一旦過了這個期限，員工就無法再依法主張終止契約。這個三十天期限的設計，主要是為了讓勞資雙方的關係能盡速確定；如果員工在這個期限內都不主張自己的權利，就表示自己應該覺得受損的情形不大，而放棄主張相關權益。

如發生勞資爭議，建議雙方以協商代替訴訟，以免曠日費時

勞資雙方有緣一起工作，雖有爭執，但如果最後得走訴訟一途解決，總還是讓人感到有些遺憾，甚至也頗浪費人力、物力的。因此，就算發生勞資爭議，而進入所謂的「勞資爭議調解程序」，擔任調解的專家們，也都會盡量鼓勵雙方坐下來協商，各退一步，以求能圓滿地化解彼此的爭議和不快。根據法院的實務見解，法院的立場也是如此。就像本案一樣，雖然對於到底是公司違法在先，或是員工自願離職，公司和員工各執一詞，相爭不下，但如果事後雙方透過協議，達成共識，不論是透過明示同意或默示同意的方式，法院都會認為協議有效成立。

　　針對法院的見解，我們也必須同時提醒公司和員工留意：由於交接工作可能會被法院解釋為雙方默示同意終止僱傭契約，這時，當事人原本打算主張的權益，可能也會因此就無從再主張了。

7-4 老闆罵「不爽可走人」，是否構成重大侮辱？

Q 如果主管在業務會議上這樣對待員工，員工是否可以依法辭職，並請求資遣費？

- 特別針對員工的出勤及業績挑毛病；
- 威脅員工：再沒達到業績，就自己辦一辦離職；
- 看到員工被罵後默不作聲，又表示：如果不爽，現在就可以辭職走人。

( )A.當眾給員工難堪，還強勢逼迫離職，員工當然可以辭職走人並要求資遣費！

( )B.主管只是求好心切，即使用語稍微強烈了點，但並沒有嚴重到侮辱的地步。

( )C.員工不必玻璃心，但主管不能光靠罵人，帶人也要懂得帶心啊。

案情摘要及爭議說明

事務機廠商分公司經理 v. 業務員

（臺灣臺北地方法院 99 年度勞簡上字第 65 號）

　　某位業務員在事務機廠商的分公司任職兩年多，負責銷售產品，每個月需要達成目標業績。依照公司規定，應該要在每天早上八點三十分以前打卡，並按時填寫日報表等資料簽送主管，然而，這名員工卻在半年內遲到十二次，其中有五次是超過十五分鐘的大遲到，依公司規定需要於事後補請假。而這名業務員也常常沒有按時填寫日報呈交主管，共達四十八次。此外，這名業務員更經常無法達到業績目標，而公司雖然持續提供他教育訓練，但一直未見成效。

　　某日，其主管在召開會議的時候，先是指責這名員工的出勤不佳，接著告訴他：如果月底再沒有達到業績，「就自己辦一辦」。員工當場默不作聲，主管看到又接著說：「如果不爽，現在就簽辭職可走人，做到今天為止！」

　　這名員工覺得：主管不但使用充滿輕蔑、鄙視的態度辱罵他，而且意思就是要他離職，此舉已經是重大侮辱行為。因此，員工決定依照勞基法的規定提出離職，請求公司給付資遣費，同時並以主管公然侮辱為由，提出刑事告訴。

法院判決

判決結果：員工敗訴，不得請求資遣費！

　　本案的審理法院認為：業務員主張自己遭受主管的重大侮辱，理由並不成立，也因此，業務員辭職並要求資遣費，在法律上站不住腳。法院的見解如下：

一、出勤異常、請假、業績明細紀錄齊全，且經員工承認

在審理本案後，法院首先認為：依照這家公司的相關出勤、請假單，以及業績明細等資料，確實可以看出這名員工有出勤異常、業績未達標準等情形，甚至，這位員工自己在訴訟中也承認他的業績沒有達到公司要求。

二、主管口頭警惕，並非侮辱

至於主管的言論是否構成侮辱呢？法院指出：對於分公司的營運業績狀況，主管本來就必須負擔成敗的重大責任，而主管的主要工作，也就是督促及管理員工。

依照會議過程中，主管前後的發言措辭來看，其實他只是要求這名業務員改善自己的業績表現；即便主管態度不佳，或確實使用了較激烈的言語，但是法院認為：主管的行為屬於口頭給予員工警惕，並不是藉故隨意謾罵，也不能算是以粗鄙的言語辱罵員工。

此外，這名員工以主管涉嫌公然侮辱，提出刑事告訴，但檢察官也是認為這名主管只是針對員工的業績表現提出檢討及要求，客觀上沒有讓別人對員工的評價有所貶損降低，因此最後也是不起訴主管。由此可見，員工的主張並無理由。

專家的建議

討論工作應就事論事，避免人身攻擊

本書討論過「主管罵員工」及「員工罵主管」等不同的案例。在這些案例中，法院所採取的標準，大都是一致的，那就是：員工和主管都是公司組成的一分子，不分職位的大小，在公司討論事情的時候，意見不同、互相爭執的狀況總是在所難免。但是，不論主管或員工都需要就事論事，不可以人身攻擊，也不能罵三字經或有太多情緒性的發言，以免造成對方更激烈的情緒或行為反應。

一般而言，能當上一家公司的主管，代表著他已經累積了一定的經驗和專業知識，可以指導或指揮較為資淺或職務較低的同仁。如果公司內發生員工不尊重主管，甚至辱罵、毆打主管的行為，主管不僅顏面盡失，未來也可能無法有效管理及指揮其他同仁。反過來說，員工是公司最重要的資產，經驗較淺或年紀較輕的同仁，可能比較沒有做事或待人接物的經驗，犯錯在所難免。如果面對員工犯錯或沒達到業績要求，動輒用辱罵或情緒性的語言去刺激他，不僅沒有辦法達到激勵的效果，反而可能引起員工的反彈！所以，主管和員工都應該學習就事論事，這才是公司內部討論事務時應有的態度。

避免以辱罵作為激勵手段，採取獎勵輔導才是現代管理好模式

日本人過去對於老一代的爸媽，曾經使用過「昭和爸爸」或

「昭和媽媽」這樣的形容詞。所謂的昭和爸爸或媽媽，是指在日本二次世界大戰前後一、二十年，那個物質生活比較辛苦的時代，爸媽努力養活家人之餘，認為應該用打罵的方式，才能夠激勵自己的孩子向上。當時，公司的老闆和主管在管理年輕的員工時，也會採取這種方法。這種現象，其實過去也在臺灣的社會出現過。

只不過，時序進入二十一世紀，這種打罵教育已經被認為不合時宜，不僅早就被教育界所摒棄，管理學界也不推薦這種高壓的管理模式。面對目前少子化、科技化跟人性化的風潮，在教育界和管理學界都強調獎勵和輔導。本書其他案子也提到過，面對表現不佳的員工，除了要制定績效改善計畫讓他有所遵循外，也應該指定資深的主管或同事來輔導及協助，並且提供一些合適的教育訓練，讓員工能夠漸進式地學習及改善。甚至對於績效有所改善的員工，也應該提供相對應的獎勵措施，讓他增加信心及榮譽感，這樣才是更有效的管理模式。

7-5 老闆母親酒醉詆毀員工，員工可否「開除」公司？

Q 如果公司如此對待員工，員工是不是可以先「開除」公司？

- 老闆的媽媽尾牙喝醉酒，笑稱某位女員工跟另一男同事「玩親親」；
- 除此之外，老闆的媽媽還打電話給男同事的老婆，提醒她小心女員工跟男同事間有曖昧；
- 公司向勞保局短報女員工的薪資。

（　）A. 老闆的媽媽口不擇言，毀人名節又短報薪資，女員工當然可以「開除」公司！

（　）B. 只要老闆的媽媽事後向這名女員工道歉，而且公司也對短報薪資一事做了補償，女員工就無理由「開除」公司。

（　）C. 老闆的媽媽捕風捉影的確不對，但「無風不起浪」，看來雙方言行都有不夠謹慎之處。

案情摘要及爭議說明

寵物食品公司 v. 女業務

（臺灣新北地方法院 103 年度重勞簡字第 41 號）

　　有一家寵物食品公司的男業務決定離職，因此公司找了一名女業務來承接他的業務。因為工作交接的需要，兩人曾短暫共事。某日，這兩名業務為了趕工作交接報告，忙到清晨五六點，然後一起前往老闆媽媽所開設的早餐店吃早餐。

　　在吃早餐的幾天後，寵物食品公司剛好舉辦尾牙晚宴。當晚吃完尾牙，男業務拜託女業務一起去找尋停在路邊的自家車子，因此兩人一起離開了十幾分鐘。等到他們返回餐廳門口，剛好遇上吃完尾牙。當時，已經略有醉意的老闆媽媽，對著兩個人開玩笑地說：「你們去哪裡？玩親親？」女業務當場有點愣住，但並沒有直接質問對方，也沒有要她道歉。事發當晚，女業務傳了LINE訊息跟同事抱怨：老闆的媽媽講了奇怪的話。不過，因為同事解釋老闆的媽媽本來就酒品不好，請她不要計較，女業務因此也認為這不是很嚴重的事情，所以沒有再提。

　　之後，因為公司希望男業務能繼續留任，所以老闆媽媽打電話給男業務的老婆，希望他不要離開公司，並強調自己也幫他拉了些業務等等。在電話中，老闆的媽媽又順便提到：這位男業務與女業務過從甚密，「很早出現在早餐店」、「尾牙當天一起消失很久」，請男業務的老婆留意。

　　對於老闆的媽媽所引起的不快與風波，女業務事後主張這是重大侮辱，因此依法終止跟公司的勞雇契約。此外，她也主張公司在她到任後，所加保的勞保薪資，有高薪低報的問題，也涉及違反勞動法令及勞雇契約，因此可以依法「開除」公司。

法院判決

判決結果：公司勝訴，員工終止勞雇契約不合法！

一、侮辱行為是否重大，應綜合考量各種因素

　　勞基法中規定，不論是員工對於雇主，或是雇主對於員工，只要涉及「重大侮辱」，被侮辱的一方都可以「開除」對方！然而，要判斷老闆或老闆家屬的侮辱行為是否「重大」，就需要綜合考量：遭侮辱的員工所受侵害的程度、侮辱他人者和受侮辱員工雙方的職業、教育水準、社會地位，跟當下所受到的刺激、行為時的客觀環境，以及出口辱罵的人平時使用語言的習慣等。如果在綜合考量後，確認侮辱行為已經讓勞雇關係沒有辦法再繼續下去的話，那受辱的員工就可以「開除」公司！

二、老闆媽媽的玩笑雖讓女員工不悅，但不至於構成重大侮辱

　　本案中，對於老闆媽媽在尾牙當晚所開的「玩親親」玩笑話，雖然女業務事後主張構成重大侮辱，但法院指出：老闆媽媽說出這句話的當下，除了男女業務員兩人以外，並沒有其他人在場，而且，女業務聽到這段話，當場也沒有感到不悅或有氣憤的負面情緒；甚至還認為是因為對方喝醉酒才會有如此言語，所以並不想再追究。

　　法院進一步指出，如果女業務真的覺得對方的言語已經嚴重侮辱了她，就應該當下立即向對方反應，表達自己感覺受到侮辱，甚至要求對方道歉。相反地，女業務當庭卻表示，自己對於

老闆媽媽的言語，「認為這不是很重要的事，就算了」。基於這些事實，法院認定：就算老闆的媽媽對這名女業務有不當的言詞，但也還不至於構成重大侮辱，所以員工不能夠因此主張「開除」公司！

三、主張「開除」公司受到法定期間的限制，必須於三十天內為之

如果雇主發生違反勞動契約或勞工法令，而損害了員工的權益時，雖然員工可以依勞基法規定終止勞雇契約，但必須是在得知自己權益被損害的三十日內，行使這項終止權；如果沒有在這個三十天硬性規定的期限內終止，那就無法產生終止的效力。

本案的女業務，在知道公司沒依法以正確薪資數額向勞保局投保後，過了約四個月，才主張公司違法而要求終止雙方勞雇契約，明顯地超過了上面所說的三十天期限，因此終止是無效的。

 專家的建議

過了三十天的規定期間，法院也愛莫能助

對於公司侮辱員工或是員工侮辱公司，如果屬於情節重大，勞基法都允許被侮辱的一方可以在三十天內主動「開除」對方。不過，這三十天的期限是一個硬性規定，一旦得知自己被侮辱了，除了要懂得保存證據以外，也應該立刻在三十天內提出法律主張，免得時間稍縱即逝，最後就算告上法院，法院也會愛莫能

助，判你敗訴。

遭受重大侮辱，為保權益應當場及時反應並留證據

　　在這個案子裡，女業務聽到酒醉的老闆媽媽暗指自己跟男同事有曖昧時，沒有當場及時地反應，因此法院才會認為她並沒有感到嚴重受辱。從這裡，我們學到，如果員工對於老闆或老闆的家屬所施加的侮辱行為，感覺受辱，就應該當場反應，出聲制止或質問對方，並最好要求對方道歉，以及利用手機或紙筆等，留下一些未來可以舉證的紀錄，以免對方事後矢口否認，而發生各說各話的情形。

7-6 放好幾個月無薪假，是否算是終止僱傭關係？

Q 如果在這樣的公司上班，該員工是不是已經算被開除了？

- 公司表示經濟不景氣沒訂單，所以請員工放無薪假，未來有工作時再回來上班；

- 無薪假連放了好幾個月，員工前往公司瞭解，才發現其他人已經陸續復工；

- 老闆向該員工口頭表示：沒有工作給他做，請他另謀新職。

( ) A. 無薪假連放好幾個月，老闆還請員工另謀他職，當然算是開除，應依法給付資遣費！

( ) B. 放無薪假是大環境不景氣所造成，但仍有回公司工作的機會，還不算是開除。

( ) C. 如果大家都陸續復工，只剩一人尚未復工，這是要員工自己走人嗎？

案情摘要及爭議說明

電機廠 v. 工廠員工

（臺灣臺中地方法院 100 年度勞簡上字第 27 號）

　　由於經濟不景氣，某家電機工廠沒有接到足夠訂單，便請員工從年初開始放無薪假，卻沒有制訂確切的實施辦法，而是有工作時才通知大家復工，沒有工作時就請員工休息，期間長達半年。

　　有一名公司員工，就這樣斷斷續續工作，某個月甚至只工作了十三天，其他時間都待在家裡，等著公司通知他去工作，卻遲遲沒有下文。到了下個月的發薪日，這名員工決定前往工廠打聽消息，也順便領取上個月份的薪水，卻看到已經有幾名員工在工廠工作了。他於是要求老闆派給他工作，老闆卻向這名員工表示：「我這邊沒有工作了，你不要再等了，回去你老家那邊找工作吧。」員工心痛地回答：「我在這裡做了九年，怎麼可以如此對待我？」

　　雙方在辦公室內談了約一小時，老闆還是表示沒有工作，要這名員工另謀他職。之後，這名員工不死心，又再找了親戚一起找老闆談，老闆仍然表示沒有工作，因此員工覺得自己應該是被資遣了，就去申請勞資爭議調解，要求公司給付資遣費、開立「非自願離職證明」，也就是證明他是因為公司關廠、遷廠、休業、解散、破產宣告等原因，而離開公司，而非因不能勝任等被免職。不料，在調解會議及法院訴訟中，公司竟然表示：並沒有要資遣這名員工，公司會放無薪假，就是因為不想要資遣他，主張是這名員工自己單方面想離職。

⚖️ 法院判決

判決結果：公司敗訴，員工請求資遣費有理由！

一、老闆表示「另謀他職」，已屬於資遣員工的行為

根據勞基法的規定，公司如果遇到虧損或業務緊縮時，可以經預告向員工表示終止勞雇契約。

法院認為，這家公司確實因為訂單量縮減，而有業務緊縮的情形。當這名員工前往公司領取薪水時，公司負責人告訴他沒有工作讓他做，要他另謀新職，這樣的行為，確實已經代表公司資遣了這名員工。

雖然，這名員工事後曾經寄存證信函給公司，表示因為公司沒依照規定給付工資報酬，要向公司終止勞動契約，但法院還是認為：在員工前往公司時，老闆當場已經請員工另謀他職，所以勞動契約早在這時候就已經終止了；因此，就算員工事後寄出存證信函，也不代表是員工自己終止雙方的勞雇關係。

二、公司放無薪假期間，仍然要符合勞基法「最低工資」規定

勞基法為了保障員工的基本生活，規定公司每個月給付員工的工資，不得低於法定的基本工資。在本案中，由於這名員工在放無薪假期間，上班時間都不固定，因此，他所領的薪水已經低於勞基法規定的每月基本工資。

雖然公司主張：這名員工在公司的薪資結構，並不是領取月薪，而是「日薪兼時薪」，而勞基法的「每月基本工資」只針對

月薪制的員工，但是法院沒有採信這樣的主張。法院認為：所謂的「日薪兼時薪」制，只是計算方式不同而已，實際上勞雇雙方就是長期性的、繼續性的勞雇契約。公司如果因為景氣因素，導致停工或減產，經勞雇雙方協商同意，當然可以暫時縮減工作時間，依照比例減少工資，但還是不能低於法律規定的基本工資。因此，法院判定公司必須支付差額，補足這名員工所領薪水和法定最低工資之間的差距。

 專家的建議

不論資遣員工或放無薪假，均應以書面為之，有明確依據

公司內部的人事決策，不論是將特定員工開除，或是因為不景氣而需要放無薪假，其實都應該以書面方式為之。一方面是追求慎重起見；另一方面，有了白紙黑字的文件，雙方的權利義務才能有確切依據。例如，在本案中，雙方會發生爭議，就在於公司實施了無薪假，但卻沒有任何書面文件，一切都只用口頭告知員工的方式進行；甚至，在放無薪假期間，也是透過口頭請員工回公司上班。這樣的作法，在計算工資、工時、出席或曠職上（例如員工到底工作幾天、工時多長等等），都會因為沒有書面依據，容易發生爭議，也徒增產生訴訟糾紛的機會。

畢竟，短期性、突發性的不景氣，或國際金融的波動，是任何人都無法預料的，也有可能在短期內就會恢復。因此，無薪假的制度設計，是希望兼顧員工的工作權，同時讓公司保持一定彈

性，維持人力資本，讓企業能度過難關，是一種暫時性的措施。我國勞動主管機關，也有提供「勞雇雙方協商減少工時協議書（範例）」，其中針對無薪假的實施期間、員工權益和兼職等事宜，都有明確約定，值得公司企業參考。從以上的說明來看，勞基法是允許企業在不景氣時實施無薪假的，只是需要注意法律的要求，例如：對於正式的、長期僱用的員工，公司在放無薪假期間，還是應該符合最低工資的規定，也就是說為了保障勞工生活，公司還是必須支付員工薪水，且就算沒工作，每個月的薪水也不能低於基本工資。

如因業務緊縮需精簡人力，可改採取臨時性、定期性的僱用方式

依照勞基法的規定，臨時性、短期性、季節性或特定性的工作，期間大約是在六個月內，不超過九個月，是屬於「定期性」的勞動契約。反之，比較長期、有繼續性的工作，就屬於「不定期性」的勞動契約。因此，公司如果有臨時性、季節性的短期工作需求，可以援引勞基法的相關規定來僱用人員，以符合需求；而當公司面臨業務緊縮時，也可以考慮與老員工協商，先結算工作年資，再改成季節性或臨時性的僱傭關係，以便度過不景氣的難關。

不過，這種作法必須真的是基於臨時性、季節性、非繼續性的工作需求。公司不能投機取巧，藉著使用這種勞動契約，變相達到節省成本的目的，否則就會不符合法律的要求，此時，法院

仍然會要求公司補足員工應有的權益，提供員工法律上基本的保障。

如無開除員工的意思，不應做出任何書面或口頭表示

在本案中，公司負責人當面口頭請員工另謀他職，其實對公司是非常不利的。如果因為經濟性因素，公司需要請員工走人，依法需要給付員工相關的資遣費，確保員工權益，這些決策，應該要經過內部的研討擬議，更慎重為之。

此外，站在企業的角度，培養一名員工的工作能力，其實也耗費了許多心血。如果公司並沒有真的要開除員工的意思，就不應該做出任何書面表示，當然，也不應該有任何的口頭表示；畢竟，一旦這樣做，有可能導致未來產生糾紛時，無法得到法院的支持，而公司如果事後想反悔，也會有困難。

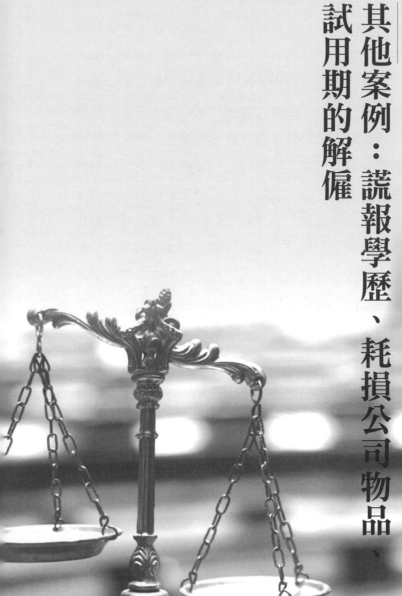

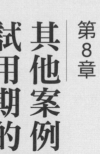

第 8 章

其他案例：謊報學歷、耗損公司物品、試用期的解僱

　　勞基法第 12 條第 1 項第 1 款規定：員工「於訂立勞動契約時為虛偽意思表示，使雇主誤信而有受損害之虞者」，雇主是可以直接將員工解僱的。如果把文謅謅的「虛偽意思表示」法律用語翻譯成白話，就是指在應徵工作時說謊！至於為什麼在應徵時需要說謊？可想而知，大部分是為了增加自己被錄用的機會，而謊報學歷或經歷等。舉例來說，明明自己只有專科畢業，卻謊稱擁有大學或碩士文憑；甚至為了取信雇主或避免露餡，而故意用電腦軟體合成一張國外大學的文憑。或者，其實自己根本沒在知名企業待過，卻在履歷表填寫相關經歷，以增加錄取機會或作為談判起薪之用。

　　上述謊報學經歷的作法，在實務上屢見不鮮。不少公司主考官或老闆事後知道自己被騙，往往會想在第一時間就開除這種沒有誠信的員工，甚至追回「被騙走」的薪水。只不過，根據勞基法的規定，就算員工真的是因為謊報了學經歷而被錄取，公司也得先證明自己有「受損害之虞」，才能依法把員工開除！至於公司該如何舉證自己受到損害，或者至少有受損害的可能？本章的第一篇判決案例會有很詳盡的討論。

　　此外，勞基法第 12 條第 1 項第 5 款前段規定：如果員工「故意損耗機器、工具、原料、產品，或其他雇主所

有物品」，公司是可以依法開除的。其實，如果公司真的
能證明員工故意耗損機器或公司的物品，除了可依法將之
開除外，員工也可能因此而觸犯了刑法的毀損罪。

　　只不過，上述規定看似簡單，但若要用在不同個案
上，仍然會有一定的困難度。其中一個困難的地方，是
在證明員工的確出於故意，而毀損公司物品或機器設
備。舉例來說，如果一家餐廳的員工在跟同事或主管爭
執時，故意在大家面前倒掉準備好的食材，當然很容易
就能證明其出於故意。不過，如果室內裝修公司的木工
師傅，在切割板材時裁錯尺寸，造成材料得報銷，這時
到底是出於故意或一時疏失，可能只有師傅自己心裡最
清楚了。本章收錄的一個判決，正是跟員工故意耗損機
具有關，很值得製造業的老闆與主管詳讀。

　　除了「員工是否出於故意」很難證明，另外一個不
容易舉證的地方，則是員工是否真的損耗了公司的產品
或原料。例如，臺灣的許多餐飲業，現場主管為了要拉
攏顧客，往往會大方贈送一兩道菜，或是在結帳時給顧
客打折；更常見的，是因為上菜太慢、菜色過差，或菜
餚份量過少，現場遭到客訴，而被動或主動贈送一些贈
品或折價券。這種作法，大概都能讓原本火冒三丈的現
場顧客怒氣全消，但事後知情的老闆，卻不見得每一個

都會覺得現場主管的危機處理得當，甚至還會認為主管拿著公司資源大作自己的人情，根本是耗損公司的資源或產品！本章就收錄了一家婚紗攝影公司現場主管，因為大送贈品給客戶而遭開除的案例，可供一般直接面對消費者的公司主管和員工借鏡。

　　本章最後一個討論的案例，是與試用期間解僱員工有關。在民國 86 年勞基法施行細則修訂之後，現行勞基法已經不再針對試用期有任何特別規定。不過，雖然沒有了試用期的規定，但坊間大部分公司行號都還是有三個月到六個月（或甚至更長）的試用期。這種試用期的約定，是否合法？還有，如果試用期約定合法，那公司是否能在試用期間解僱員工？或者，在試用期內，如果沒有符合勞基法相關的懲戒性解僱及經濟性解僱的情形發生，公司是否能夠解僱還在試用階段的員工呢？相信看完這個案例的分析討論，讀者會得到很明確的答案。

8-1　謊報學歷、工作經歷被抓包，可否依法解僱？

Q 如果公司僱了這樣的專案經理（PM），是不是可以依法開除他？

- 謊稱自己是國立名校碩士肄業，但實際上是某私立大學畢業；

- 宣稱前份工作因為生涯規劃而離職，但其實是因不能勝任工作而被前東家開除；

- 擔任專案經理職務，卻根本無法勝任工作，而常需要同事支援他。

(　)A.不僅謊報學經歷，工作能力也不足，當然可以炒他魷魚！

(　)B.被前東家解僱，畢竟是丟臉的事，不敢說也是人之常情；同事間彼此支援工作在所難免，沒有嚴重到需要開除。

(　)C.是說謊技巧高明？面試表現得太好？還是公司太輕忽了？不然怎麼能夠通過面試而被錄取呢？

案情摘要及爭議說明

科技公司 v. 專案經理

（臺灣高等法院 104 年度上易字第 154 號）

　　某科技公司徵求「專案經理」（Project Manager），在徵才網站上特別要求求職者學歷需在碩士以上，且須具備一年以上工作經驗及相關語言能力，並特別註明：面試時，求職者應提出學歷及能力相關證明。然而，某位求職者應徵時，在徵才網站相關欄位填上造假的清大碩士肄業及建國中學畢業；在面試過程中，則提到自己由於私人因素，並未順利從清大碩士班畢業，因此無法提供畢業證書以利公司查核。此外，雖然他在履歷表中宣稱自己因為生涯規劃而離開前份工作，但實際上根本是無法勝任而被前東家開除。

　　在公司錄用他之後，該員工時常無法完成自己的工作，還得麻煩同事幫他救火。公司忍無可忍，向清華大學及建中求證，這才發現該名員工不僅從來沒有在清大碩士班念過書，也不是建中畢業，而是某私立大學資管系畢業的。由於這家公司的敘薪管理辦法，是根據新竹科學園區及內湖科學園區的業界慣例而來，按照學校及學歷不同，而有起薪高低之差，因此公司把這名員工開除後，也要求他將多領的薪水繳回！

⚖️ 法院判決

判決結果：公司勝訴，開除合法，且可要回溢付的薪水！

一、學經歷能力乃錄取之最重要因素，求職者謊報構成解僱理由

　　雖然這名員工主張學歷並非公司面試及錄取的重要考量因

素，但公司既然已經在求職者的條件中明白註明學歷、工作經歷及能力的最低門檻，就表示公司很在乎員工是否具備這些客觀的能力證明條件。甚至，公司還在面試的表單中，載有「以上所填資料均屬事實，本人允許公司調查……若經錄用後，發現上述有虛構情事等，願接受公司解僱處分，無任何異議」等文字，並要求職者簽名，顯見公司對於求職者所填學經歷資料的重視。

因此，這名員工以不實的求職資料獲得面試機會後，又在面試過程及回覆公司主管的電子郵件中，再次說謊強調自己是清大碩士班肄業，以獲取工作，的確是以欺瞞的手段取得聘用。對於這樣的人員，公司當然可依勞基法及聘僱契約的規定加以開除。

二、學歷高低乃敘薪之重要依據，公司自可追回溢付的薪水

審理本案的法院經過調查，認為這家科技公司對於員工的學歷特別重視，甚至還仿效新竹科學園區等同業，依照新進員工的不同學歷及畢業學校，而有不同的起薪標準；例如，臺大、清大、交大、成大研究所工科畢業的學生，起薪四萬五千元；而私立大學工科學士，則起薪為二萬九千元。由此可見，在這家公司中，員工的學歷的確關係到他應得的薪水！

因此法院認定，科技公司的敘薪辦法規定其實非常明確，的確是參考業界的敘薪標準而來，並非臨時杜撰。該名員工既謊稱自己是清大碩士肄業，又聲稱過去在其他科技公司工作勝任愉快，才造成公司陷於錯誤，而多付了不該付的薪水，因此公司可以合法討回！

專家的建議

公司招聘新員工應詳查學經歷，可請員工簽立切結書

在招聘新員工時，公司應該在一開始就仔細查證員工的學歷及工作經驗。國內科學園區廠商早就仿效歐美經驗，在求職表單中，要求員工除了切結擔保自己所填載為真，甚至註明：如有填載不實，公司可以在正式到職前取消錄取資格，或是到職後將其開除，並可追回溢付的薪水！

此外，實務上，許多公司也會在這份切結書中載明，請員工授權公司得向其以前就讀的學校，或曾經任職過的公司查證學經歷。切結書內容，則會有下面的類似文字：「本人授權並同意公司得基於甄選目的，徵信調查本人的學經歷、僱用紀錄及過去的工作狀況等背景資料」。否則，如果沒有員工本人的授權，許多學校或是前東家，可能基於保護個資而不願意提供資訊；當然，在切結書的條款中也應詳細載明調查的目的、範圍，才能符合個人資料保護法的規定。

最後，提醒公司應該在錄取員工後、正式到職前，就完成查證學經歷的工作；一旦發覺錄取者說謊，就可以立刻通知取消錄取資格，以免後續產生一些解僱或追回薪水的麻煩。

員工求職時，應確實揭露學經歷

為了謀得一份工作，在實務上經常發生求職者謊報學歷的案例。在過去的法院判決中，許多案例都是科技業的員工，謊稱有

名校碩士班學歷，任職後經公司實際查證，才發現員工所填的學經歷根本是編造的。

根據勞基法第 12 條規定，如果員工在一開始與雇主訂立勞動契約時，就有說謊的情形，而使雇主誤信並受到損害，公司是可以直接開除這名員工的。甚至，如果用假學經歷獲得工作機會，還可能有刑事詐欺的問題！因此，員工求職時切莫心存僥倖，為了獲得錄用而謊報學經歷；畢竟，一旦東窗事發，除了導致自己在同業及同事間的信用破產，更可能危及自身未來的生涯發展，甚至因此惹上牢獄之災。

8-2

經理送客戶過多贈品，算不算耗損公司產品？

Q 如果公司有這樣的經理，是不是可以依法開除他？

- 請其他同事代為打卡、出勤不正常、上班遲到，且躲在更衣室睡覺；
- 擔任公司教育課程講師，應該要訓練新進人員，卻缺席導致無法上課；
- 未經公司事先同意，就擅自將成本三千多元的公司贈品送給客戶。

（　）A. 這個經理狀況很多，又浪費公司資源，應該開除！

（　）B. 遲到、出勤不正常都屬情節輕微，而送贈品應該屬於公司經理的權限，故不能直接開除。

（　）C. 贈品金額不是很高，服務業本來就應該以客為尊，客戶開心就好！

案情摘要及爭議說明

精品婚紗公司 v. 店經理

（臺灣高等法院 101 年度重勞上字第 39 號）

　　某知名婚紗公司的店經理，被發現工作時常偷懶，還會躲在衣櫃間睡覺；上班經常遲到、請同事代為打卡，甚至缺席自己擔任講師的教育訓練課程，狀況連連。

　　身為店經理，這名主管有贈送客戶贈品的權限。某一次，由於公司的造型師遲到，讓客戶十分不滿，這名經理為了安撫客戶，就在客戶的要求下，提供了價值新臺幣三千多元的贈品。

　　公司認為，依照公司的不成文規定，贈品上限是消費金額的百分之五，而這位經理送出的贈品，已經超過比例，此舉是故意耗損公司產品，因此公司決定將其開除。但經理並不服氣，認為自己成功安撫了客戶，甚至還讓客戶因此而開心地加購了其他產品，公司並無損失，所以開除並不合法。

法院判決

判決結果：公司敗訴，開除違法！

一、在權限範圍內送客戶贈品，不構成故意耗損公司產品

　　根據勞基法的規定，如果員工故意耗損公司的機器、工具、原料、產品，雇主是可以直接將員工開除的。不過，公司要引用這個條款，必須是因為員工「故意」耗損公司產品，而導致公司受損，才可以將之開除。

　　審理本案的法院，認為本案並不符合上述開除的規定。畢竟，在本案中，是因為造型師遲到，而讓客戶心生不滿，才主動要求婚紗公司提供贈品；而為了安撫客戶，讓客戶消氣，這名經理才

給與贈品，並非其主動提供。何況，在經理提供贈品之後，客戶甚至加購了其他產品，就效果來看，公司表面上好像是損失了贈品，實際上卻促進客戶消費，這在婚紗業界也是常見的慣例。因此，如果以這個理由將該名經理開除，並不合情合理。

此外，雖然公司主張：經理贈送贈品的金額，逾越業界的慣例和公司的不成文規定，所以是超出其權限的違規之舉。不過，法院認為：如果婚紗公司認為贈品的金額應該受到比例限制，就應該明文地加以規定，如此一來，才能對於違反規定的員工有明文可罰。而實際上，這名店經理曾經提供四位不同客戶贈品，時間前後相距有三、四個月，公司也沒有即時制止或處罰，顯然公司自己也不認為是屬於嚴重的違規行為。

二、欠缺遲到、違規的充分證據，且沒有在第一時間懲戒

雖然婚紗公司主張經理常常遲到，且有在更衣間睡覺等等違規行為，然而法院參酌打卡紀錄，認為公司並沒有提出這名經理遲到的確切證據，而所有違規事蹟都只是其他員工的聽聞轉述，並不是公司主管親自目擊，甚至也沒有紀錄，因此，這些說詞並無法說服法院。此外，如果像公司說的，經理時常遲到，又擅自贈送公司物品給客戶，公司對此卻沒有做出任何懲處，可見公司在當時並不認為經理遲到或託人代打卡、上班時間躲在更衣室睡覺等行為，屬於嚴重影響公司紀律。

對於店經理的遲到、上班睡覺等違規情形，既然公司過去沒有及時採取任何處罰規定，這些事情也沒有嚴重到危害公司事業

經營，或造成公司的重大損失，所以，就算員工有錯，公司還是需要先採取解僱以外的較輕懲處手段，而不是直接就把店經理開除。

 專家的建議

公司如要主張員工違規，必須先明文制訂規定，才能有規可罰

在本書討論的其他案例中，也發生過公司因為沒有制訂工作規則，而發生無法可罰的狀況。在本案中，婚紗公司雖然主張員工違反了內部的贈品規定，但實際上公司從來沒有針對贈品金額和比例，做出任何明文規定，因此也導致了對員工無法可罰的結果。

同理，雖然婚紗公司也宣稱店經理過去經常遲到，或者在更衣間偷睡覺，甚至在員工教育訓練中擔任講師而竟然缺席，但在訴訟中，婚紗公司都拿不出任何相關的明文規定，甚至也沒有任何書面紀錄，因此無法得到法院的採信。

從上面的案例中，中小企業應該能夠得到一些啟發，那就是：公司規模再小，如果要有效管理員工，甚至讓員工有規可循或有規可罰，就必須制訂工作規則，而且要將員工的違規事實一一記錄，甚至訪談員工，讓其同意簽名，以免將來在訴訟上無法舉證。

員工如有違規情形，公司處罰必須及時且合乎比例

員工在工作上犯錯，本屬正常，依照勞基法的規定，必須員

工違規「情節重大」，才能直接將他開除。只不過，所謂的「情節重大」，並不是雇主自己說了算；因此，就算雇主故意在工作規則中，不分情節輕重，而把一切的違規都列為重大，也不能得到法院的認同。

法院在實務上認為，判斷員工的違規行為是否重大，必須一一檢視其違規的具體事項，例如：員工到職時間的長短、員工違規的類型、屬於初犯或累犯、是故意或過失、對公司產生的危險或損失，這些都是判斷員工行為是否達到應開除程度的衡量標準。

換句話說，就算員工真的違規，也必須視違規的程度，訂有合乎比例的懲罰；而就算違規，也必須在客觀上已經難以繼續維持勞雇間的關係，才能算是「情節重大」，而可以依法將他開除。

員工如有耗損公司產品，必須證明是出於故意

員工犯錯在所難免，但如果要主張員工故意耗損機器、工具、原料、產品，或其他公司的物品，導致公司受到損害，就必須先證明員工是出於故意，否則就無法根據勞基法的這個條文開除員工。

不過，對於員工出於疏失而犯錯，也不是絕對不能處罰。如果公司根據員工犯錯的輕重，訂有合乎比例的獎懲規則，當然可以引用相關規定，加以處罰。只不過，對於員工的過失，如非情節重大，公司就必須先採取調職、降薪、降職、記過等較輕的處罰方式，才符合所謂的解僱最後手段性原則。

8-3 員工毀損公司機具，是否可將其解職？

Q 如果公司有這樣的員工，是不是可以開除他？

- 以錯誤規格裁切公司物料，還故意將公司機具發條拔除，使機具無法運轉；

- 因不滿遭調職，就申請特休要去旅遊，隔天又改請病假，但提出的就診紀錄時間卻是在兩週以前；

- 主管不准假，這名員工還是擅自離去，沒有回公司上班，超過三天以上。

( )A.這名員工浪費公司物料，還破壞公司機具，行為惡劣，當然構成開除的理由！

( )B.員工可能是因為工作勞累，才在操作機具時出錯，不能這樣就開除他。

( )C.先是請特休，然後改請病假，是否對於公司的請假規則毫無概念？

案情摘要及爭議說明

家具製造公司 v. 製作系統家具師傅

（臺灣高等法院臺中分院 99 年度勞上易字第 42 號）

有一名員工，擔任家具製造公司的製作系統師傅，已經長達十多年；在這期間，這名師傅出過許多狀況。例如，這名師傅曾經作業不當，將留有殘膠的桌板交給客戶，被記一小過。此外，公司購買了特殊裝潢原料「美耐板」，這名師傅卻沒有依照正常程序進行簽收，反而交給外籍勞工簽收，之後這名師傅再擅自把美耐板拿走，裁斷一大截，導致不符規格要求。

針對美耐板裁切不符規格一事，公司決定將他調職，但這名師傅並不同意，當天還表示要出國十四天申請特休；還沒有等到主管准假，他就揚長而去。但是在走到工廠門口時，這位師傅又折回工作機台，將工廠內自動裁板機的一根發條扯斷，還將裁板機的蓋子關起來，讓其他人無法知道發條已被拔除，他隨即離開公司。

到了隔天，這名師傅又回到公司，改口說自己因公扭傷手，醫生要他多休息，但他拿出兩週以前的病歷資料，因此主管還是不同意他請假。這名師傅於是把請假卡及診斷證明書丟在管理課同仁的桌上，自己走人，沒有再回到公司。之後，公司便以這名員工耗損公司機具，以及曠職超過三日為由，將這名師傅開除。

法院判決

判決結果：公司勝訴，開除合法！

一、故意耗損公司機具的行為，勞基法零容忍

根據勞基法的規定：員工如果故意損耗機器、工具、原料、

產品，公司可以不經預告將他開除。法律本來就禁止破壞他人財物的行為，更何況，機器、工具屬於公司的重要資產，員工既然任職於公司，當然不可以故意損壞。

針對這名家具師傅裁斷美耐板，導致不符規格一事，法院認為公司只有提供證人證詞，欠缺足夠證據，因此沒有辦法證明師傅是基於故意所為。

但是，這名師傅在申請特休假當天，拆斷裁板機發條，再將裁板機蓋子蓋起來，導致機器無法正常運作，使公司受到損害，確實是故意損耗公司機具的行為。依照勞基法的規定，公司可以不經預告，將這名師傅合法開除。

二、未完成正常請假程序，無故不上班屬於曠職

根據這家公司的工作規則，請假需要依照規定填寫請假單、提供相關證明文件，並經單位主管核准，才能夠請假。

法院指出：這名師傅先是以出國旅遊為理由，申請特休，但並沒有獲得單位主管的簽核，當然就沒有完成請假手續。而他隔天表示手因公受傷，需要休養，卻沒有提出實際符合這段期間的醫療紀錄，也沒有得到單位主管的同意，就自己離開，不再回到公司工作；這個期間既然超過三天，因此屬於無故曠職達三日，公司開除合法。

專家的建議

勞基法雖保障工作權，但並非漫無限制

　　我國的勞基法，其實是比較偏重於保障員工工作權的，針對員工違反公司規定或勞雇契約的行為，如果情節不重大，一般而言，勞基法多認為可以原諒。此時，公司應對員工採取較輕的懲戒方式，例如調職、減薪、降職、記過等，而不能直接將員工開除。

　　但是，勞基法也不是毫無限制地保障員工的工作權。例如，員工如果侮辱老闆、同事，甚至有暴力相向的行為；又或者如本案中，員工蓄意毀損公司機具，在這些情況下，前者使公司無法正常指揮調度，同事間難以繼續和睦相處、完成團隊合作，後者則是破壞生財機具，使公司無法繼續達成營利目的。對此勞基法就採取零容忍的政策，不論輕重，只要認定屬實，公司就可以採取直接開除的手段。因此，員工需注意：如果故意毀損公司機具，除了在刑法上可能構成毀損罪之外，也構成勞基法上直接開除的事由；此時，公司不需要採用較輕的懲戒手段，法院也會對公司的決定予以支持。

　　不過，以本案中的美耐板事件為例，實務上可能會發生員工損壞公司機具，卻缺乏直接證據可以證明的情況。為了保護公司自身資產，可以採取下列方式：一、公司重要財產設備，應該指定專人管理；二、請員工簽收相關設備機房的進出證明、巡查表或檢查清單；三、可於重要設備附近加裝監視器，以防萬一。如

果能採取以上措施，公司未來就比較不會有舉證困難的問題。

不論是請特休、事病假或公傷假，均應遵循請假程序

　　員工請假，不論是特休、病假、事假或公傷假，都應該遵循法律規定，依照公司相關工作規則或請假辦法的規定，完成一定的程序。尤其，以特休假的情形為例，雖然員工的確可以自由安排特休，但為了兼顧公司工作持續進行，也應在休假前尋妥職務代理人，以及在法律允許之下，事先找主管、同事討論與安排。本案中這位師傅先請了特休假，又臨時要改請病假，且拿出的是兩週以前的就診證明，這種方式應該就很難獲得公司主管的允許，也無法得到法院認同。

　　畢竟，如果員工提出兩週以前的就診證明，想申請公傷假，那麼，在就診當時，一直到申請公傷假以前，卻還能持續前往公司正常上班，這又要如何自圓其說呢？因此，員工還是應該誠實遵守事病假辦法，並提出相關證明。而公司為了保障自身權益，如果員工的確因公受傷需請假，且請假時間較長時，公司可以合理要求其前往指定的公立醫院或大型醫院進行診斷，甚至可以要求員工在公傷假期間，定期或不定期回診，以確認復元狀況。

　　員工則需要注意的是：請假如果不符合規定程序，就屬於曠職；如果超過三日，公司依法可以直接開除員工。因此，即便有合於勞雇契約、工作規則的正當請假事由，還是要確實完成請假手續，否則會被認為曠職。一旦曠職超過法律規定的期間，勞基法就採零容忍態度，法院也會認為公司直接開除有理。

8-4　在試用期間解僱員工，是否需符合勞基法規定？

Q 如果公司僱用了這樣的員工，是否可以在試用期間予以解僱？

- 在試用期內，某天竟趁同工廠女同事不備，將之強行壓制，強吻並襲胸；
- 犯後接受公司性騷擾性評小組訪談時，言詞閃爍而且沒有悔意，嚴重影響公司名譽。

（　）A. 還在試用期就性騷擾女同事，不僅違反工作規則還觸犯刑法，這種人早該開除！

（　）B. 雖然一時犯錯，但如果能力強、工作佳，應給其改過的機會，不宜直接開除。

（　）C. 性騷擾的確不應該，但說不定他有心理障礙或精神疾病，應該先予輔導治療，再談後續。

案情摘要及爭議說明

印製廠 v. 試用期員工

（臺灣高等法院 105 年度勞上字第 117 號）

　　某印製廠新錄取一名男員工，試用期間原定半年。男員工平

常工作表現正常，但在任職滿五個月後，還在試用期內，某天竟
趁任職同一工廠的女同事下樓梯時，將她強行壓制於牆上，對她
強吻及襲胸。女同事在受到騷擾後，以雙手奮力推開，並立即離
開現場，但是此事已經造成她的內心陰影及創傷。女同事後來向
公司性騷擾委員會提出申訴，並向警察局報案。

　　公司受理申訴並調查後，也認為事態嚴重，男員工可能已經
嚴重違反工作規則，但為求慎重，決定在司法程序調查終結前，
將男員工改調至其他工廠，也將他的試用期再延長三個月。就在
男員工被調職後不久，公司性評小組最後認定男員工性騷擾案屬
實，並認為其品行不佳，且違反工作規則情節重大，確實不能勝
任工作。公司因此而決定終止試用，將其解僱。

　　男員工不服，事後提起訴訟，主張自己在犯錯後已經有悔改
之意，而且在任職期間，並沒有不能勝任工作的情形；公司既然
將他調職，就表示已經給予應有的處罰了，後來卻又將他解僱，
這樣就違反了解僱最後手段性原則，所以開除並不合法。

法院判決

判決結果：男員工敗訴，解僱合法！

　　針對本案涉及的幾項試用期的爭議，審理的法院很詳盡地加
以討論，最後認定公司解僱試用期的男員工，完全合法，理由如
下：

一、勞基法雖無試用期的規定，但依契約自由原則，勞資雙方可約定

對於試用期間或試用契約該如何制訂，勞基法並沒有明文的規範。不過，法院指出，一般公司行號在聘僱新進員工時，大多只能對於應徵者的學經歷及具備的證照等做形式上的審查；就算有些公司特別主辦筆試或口試，也未必了解求職者日後是否能勝任工作。因此，在正式僱用前，公司可先行約定一定的試用期，藉以評估新進員工的能力為何，以作為簽訂正式僱傭契約的參考。

相對地，對新員工來說，在試用期內，也可以進一步評估任職的公司環境與將來的發展空間，來決定是否在試用期滿後繼續受僱。所以，審理的法院認為：基於契約自由原則，如果公司和員工雙方都同意有試用期，且依工作的性質，的確有試用的必要，那麼雙方可以自行約定試用期。

二、試用期間，公司或員工均可終止契約，無須具備勞基法規定的法定事由

法院特別指出，約定試用期的目的，既然是要測試、審查新進員工是否具備勝任工作的能力，因此，在試用期屆滿後，公司可以看測試、審查的結果，決定是否正式聘僱新員工。此外，由於試用期間仍屬於締結正式僱傭契約的前期（評估、測試、審查）階段，所以原則上雙方可以隨時終止契約，並不限於勞基法規定

的懲戒性或經濟性解僱的情形。

由於試用期有測試、審查的用途，法院指出：除非雇主有權利濫用的情形，否則，在試用期內，法律上應容許雇主有較大的彈性空間；既然公司保有終止試用的權利，一旦認為試用的員工不適合，就可以隨時終止試用。

三、因故延長試用期合理，且員工確實違規情節重大與不能勝任工作，故解僱合法

法院指出，對於聘用的新進員工，雖然公司約定的試用期間為半年，但如有正當理由，可以不受限制而自行斟酌延長。本案中，公司將試用期延長三個月，主要是因為案件尚在調查期間，為求慎重並避免冤枉男員工，因此特別延長三個月，而男員工也在延長期間定期填寫工作報告，顯然同意公司這項延長試用期的決定。所以，延長試用期合理合法。

至於男員工主張自己從頭到尾都沒有不能勝任工作的情形，法院並不採信。法院指出，勞基法所謂的不能勝任，客觀上包含員工的能力、學識、品行，主觀上則包括員工的工作態度。男員工對於女同事有強制猥褻舉止，出具的悔過書也多次承認自己的行為不當；所以，公司認定他品行不佳，不能勝任工作，在法律上是站得住的。

再者，該公司的工作規則中，也明訂了如果對於同事有重大侮辱，就屬於違規情節重大。所以，公司經過斟酌考量後，決定終止與男員工間的僱傭契約，並無違法。

本案審理的法官並再次強調：勞雇雙方既然有試用合約及試用期的約定，那麼公司根據整體評估的結果，本來就擁有彈性空間，去裁量決定是否留用、延長試用或終止僱傭關係。該公司經過審慎評估考量，然後做出決定，並未濫用權利；因此，就算沒有符合勞基法規定的懲戒性或經濟性解僱的情形，該公司還是可以終止試用契約。

 專家的建議

公司及員工均應善用試用期，觀察彼此是否合適

試用期的設計，就好比適婚男女在決定互許終身前認真交往一樣，其實也提供了公司和試用員工近距離觀察彼此的絕佳機會。畢竟，對雇主而言，並不可能在短暫的幾十分鐘面試過程中，就真正了解面試者的能力和可否適應新職務；因此，透過試用期的工作交辦和直接觀察，的確有助於找到適合的員工。

同理，對求職者來說，除非是應徵知名企業，否則，只能透過一些蒐集到的零碎資訊，來猜測新東家能否提供自己發揮所長的機會，以及成長的空間。因此，員工跟公司都應該善用試用期，確認彼此是否合適。

公司只要沒濫用權利，可與員工自由約定終止試用合約的條件

依照勞基法的規定，如果公司要解僱正式僱用的員工，就必

須符合經濟性解僱或懲戒性解僱的規定。但是,從本案的判決來看,對於試用合約的終止,只要雇主沒有濫用權利,法院其實是留給雇主較大的彈性解僱空間,並不要求一定得符合相關的法定條件。

筆者認為,法院採取上述立場,其實是合情合理的。在試用期間,公司和新員工都有近距離了解彼此的機會,也同時握有隨時終止試用契約的權利;一旦在試用期間,有一方發覺對方不合適,即可自行決定終止試用,再另覓適合的人選或新職,不必被刻意地綁在一起,而耽誤了其他的選擇機會。

試用期可隨工作性質及職務高低而有不同,但不宜過長

目前法院跟主管機關的立場,都是認為基於契約自由原則,勞雇雙方可以訂定試用契約及約定試用期,但畢竟試用期的目的是用來評估、測試、審查新員工,因此,公司在約定試用期時,應該詳細思考評估及審查所需的時間,並據以制訂較為合理的試用期,才不會被誤會公司是以試用期來剝削員工,甚至被法院認定試用期過長而無效。

舉例來說,對於一般公司的秘書、助理等新進行政人員,合理的評估及審查期間,應該不需要超過三個月;但如果應徵的職務是業務部門主管,則或許能將試用期約定為六個月,以看出其衝刺績效和帶領業務團隊的真正能力。

總之,既然人才是公司之本,在制訂試用期時,除了考量合法與否外,也要同時顧及試用期的長短是否合理,以免優秀的應

徵者，在前來面試或收到錄取通知時，光是聽到不合理的試用期，便已決定轉覓他職、逃之夭夭了！

附錄

勞動基準法・第二章 勞動契約

第 9 條

勞動契約，分為定期契約及不定期契約。臨時性、短期性、季節性及特定性工作得為定期契約；有繼續性工作應為不定期契約。

定期契約屆滿後，有左列情形之一者，視為不定期契約：

一、勞工繼續工作而雇主不即表示反對意思者。

二、雖經另訂新約，惟其前後勞動契約之工作期間超過九十日，前後契約間斷期間未超過三十日者。

前項規定於特定性或季節性之定期工作不適用之。

第 9-1 條

未符合下列規定者，雇主不得與勞工為離職後競業禁止之約定：

一、雇主有應受保護之正當營業利益。

二、勞工擔任之職位或職務，能接觸或使用雇主之營業秘密。

三、競業禁止之期間、區域、職業活動之範圍及就業對象，未逾合理範疇。

四、雇主對勞工因不從事競業行為所受損失有合理補償。

前項第四款所定合理補償，不包括勞工於工作期間所受領之給付。

違反第一項各款規定之一者，其約定無效。

離職後競業禁止之期間，最長不得逾二年。逾二年者，縮短為二年。

第 10 條

定期契約屆滿後或不定期契約因故停止履行後，未滿三個月而訂定新約或繼續履行原約時，勞工前後工作年資，應合併計算。

第 10-1 條

雇主調動勞工工作，不得違反勞動契約之約定，並應符合下列原則：

一、基於企業經營上所必須，且不得有不當動機及目的。但法律另有規定者，從其規定。

二、對勞工之工資及其他勞動條件，未作不利之變更。

三、調動後工作為勞工體能及技術可勝任。

四、調動工作地點過遠，雇主應予以必要之協助。

五、考量勞工及其家庭之生活利益。

第 11 條

非有左列情事之一者，雇主不得預告勞工終止勞動契約：

一、歇業或轉讓時。

二、虧損或業務緊縮時。

三、不可抗力暫停工作在一個月以上時。

四、業務性質變更，有減少勞工之必要，又無適當工作可供安置時。

五、勞工對於所擔任之工作確不能勝任時。

第 12 條

勞工有左列情形之一者，雇主得不經預告終止契約：

一、於訂立勞動契約時為虛偽意思表示，使雇主誤信而有受損害之虞者。

二、對於雇主、雇主家屬、雇主代理人或其他共同工作之勞工，

　　實施暴行或有重大侮辱之行為者。

三、受有期徒刑以上刑之宣告確定，而未諭知緩刑或未准易科罰
　　金者。

四、違反勞動契約或工作規則，情節重大者。

五、故意損耗機器、工具、原料、產品，或其他雇主所有物品，
　　或故意洩漏雇主技術上、營業上之秘密，致雇主受有損害
　　者。

六、無正當理由繼續曠工三日，或一個月內曠工達六日者。

雇主依前項第一款、第二款及第四款至第六款規定終止契約者，
應自知悉其情形之日起，三十日內為之。

第 13 條

勞工在第五十條規定之停止工作期間或第五十九條規定之醫療期
間，雇主不得終止契約。但雇主因天災、事變或其他不可抗力致
事業不能繼續，經報主管機關核定者，不在此限。

第 14 條

有下列情形之一者，勞工得不經預告終止契約：

一、雇主於訂立勞動契約時為虛偽之意思表示，使勞工誤信而有
　　受損害之虞者。

二、雇主、雇主家屬、雇主代理人對於勞工，實施暴行或有重大
　　侮辱之行為者。

三、契約所訂之工作，對於勞工健康有危害之虞，經通知雇主改
　　善而無效果者。

四、雇主、雇主代理人或其他勞工患有法定傳染病，對共同工作
　　之勞工有傳染之虞，且重大危害其健康者。

五、雇主不依勞動契約給付工作報酬，或對於按件計酬之勞工不
　　供給充分之工作者。

六、雇主違反勞動契約或勞工法令，致有損害勞工權益之虞者。

勞工依前項第一款、第六款規定終止契約者，應自知悉其情形之
日起，三十日內為之。但雇主有前項第六款所定情形者，勞工得
於知悉損害結果之日起，三十日內為之。

有第一項第二款或第四款情形，雇主已將該代理人間之契約終
止，或患有法定傳染病者依衛生法規已接受治療時，勞工不得終
止契約。

第十七條規定於本條終止契約準用之。

第 15 條

特定性定期契約期限逾三年者，於屆滿三年後，勞工得終止契
約。但應於三十日前預告雇主。

不定期契約，勞工終止契約時，應準用第十六條第一項規定期間
預告雇主。

第 15-1 條

未符合下列規定之一，雇主不得與勞工為最低服務年限之約定：

一、雇主為勞工進行專業技術培訓，並提供該項培訓費用者。

二、雇主為使勞工遵守最低服務年限之約定，提供其合理補償
　　者。

前項最低服務年限之約定，應就下列事項綜合考量，不得逾合理範圍：

一、雇主為勞工進行專業技術培訓之期間及成本。

二、從事相同或類似職務之勞工，其人力替補可能性。

三、雇主提供勞工補償之額度及範圍。

四、其他影響最低服務年限合理性之事項。

違反前二項規定者，其約定無效。

勞動契約因不可歸責於勞工之事由而於最低服務年限屆滿前終止者，勞工不負違反最低服務年限約定或返還訓練費用之責任。

第 16 條

雇主依第十一條或第十三條但書規定終止勞動契約者，其預告期間依左列各款之規定：

一、繼續工作三個月以上一年未滿者，於十日前預告之。

二、繼續工作一年以上三年未滿者，於二十日前預告之。

三、繼續工作三年以上者，於三十日前預告之。

勞工於接到前項預告後，為另謀工作得於工作時間請假外出。其請假時數，每星期不得超過二日之工作時間，請假期間之工資照給。

雇主未依第一項規定期間預告而終止契約者，應給付預告期間之工資。

第 17 條

雇主依前條終止勞動契約者，應依下列規定發給勞工資遣費：

一、在同一雇主之事業單位繼續工作，每滿一年發給相當於一個
　　月平均工資之資遣費。

二、依前款計算之剩餘月數，或工作未滿一年者，以比例計給之。
　　未滿一個月者以一個月計。

前項所定資遣費，雇主應於終止勞動契約三十日內發給。

第 18 條

有左列情形之一者，勞工不得向雇主請求加發預告期間工資及資
遣費：

一、依第十二條或第十五條規定終止勞動契約者。

二、定期勞動契約期滿離職者。

第 19 條

勞動契約終止時，勞工如請求發給服務證明書，雇主或其代理人
不得拒絕。

第 20 條

事業單位改組或轉讓時，除新舊雇主商定留用之勞工外，其餘勞
工應依第十六條規定期間預告終止契約，並應依第十七條規定發
給勞工資遣費。其留用勞工之工作年資，應由新雇主繼續予以承
認。

國家圖書館出版品預行編目資料

解僱與被解僱／葉茂林作. -- 初版. -- 臺北市：商周，城邦文化出版：
家庭傳媒城邦分公司發行, 2018.04
　　面；　　公分
ISBN　978-986-477-442-5(平裝)

1. 人事管理　2. 勞動契約　3. 問題集

494.313　　　　　　　　　　　　　　　　　107004907

解僱與被解僱：員工與企業如何保護自身權益

作　　　者／葉茂林
責 任 編 輯／程鳳儀

版　　　權／林心紅、翁靜如
行 銷 業 務／林秀津、王瑜
總　編　輯／程鳳儀
總　經　理／彭之琬
發　行　人／何飛鵬
法 律 顧 問／元禾法律事務所　王子文律師
出　　　版／商周出版
　　　　　　台北市中山區民生東路二段141號4樓
　　　　　　電話：(02) 2500-7008　傳真：(02) 2500-7759
　　　　　　E-mail：bwp.service@cite.com.tw
　　　　　　Blog：http://bwp25007008.pixnet.net/blog
發　　　行／英屬蓋曼群島商家庭傳媒股份有限公司城邦分公司
　　　　　　台北市中山區民生東路二段141號2樓
　　　　　　書虫客服服務專線：(02)2500-7718．(02)2500-7719
　　　　　　24小時傳真服務：(02)2500-1990．(02)2500-1991
　　　　　　服務時間：週一至週五09:30-12:00．13:30-17:00
　　　　　　郵撥帳號：19863813　　戶名：書虫股份有限公司
　　　　　　讀者服務信箱E-mail：service@readingclub.com.tw
　　　　　　歡迎光臨城邦讀書花園　　網址：www.cite.com.tw
香港發行所／城邦（香港）出版集團有限公司
　　　　　　香港灣仔駱克道193號東超商業中心1樓
　　　　　　Email：hkcite@biznetvigator.com
　　　　　　電話：(852)2508-6231　　　傳真：(852)2578-9337
馬新發行所／城邦(馬新)出版集團　【Cite (M) Sdn. Bhd.】
　　　　　　41, Jalan Radin Anum, Bandar Baru Sri Petaling,
　　　　　　57000 Kuala Lumpur, Malaysia
　　　　　　電話：(603)90578822　　　傳真：(603)90576622
　　　　　　Email：cite@cite.com.my

封 面 設 計／徐璽工作室
電 腦 排 版／唯翔工作室
印　　　刷／韋懋實業有限公司
總　經　銷／聯合發行股份有限公司　電話：(02)2917-8022　傳真：(02)2911-0053
　　　　　　地址：新北市新店區寶橋路235巷6弄6號2樓

■ 2018年04月19日初版　　　　　　　　　　　　　　Printed in Taiwan
■ 2023年04月24日初版2刷
定價／380元

版權所有‧翻印必究　　　　　ISBN　978-986-477-442-5

城邦讀書花園
www.cite.com.tw